O

第一推动丛书: 综合系列
The Polytechnique Series

控制论
Cybernetics
Or Control and Comr
in the Animal and the

[美] 诺伯特·维纳 著　王俊毅 译
Norbert Wiener

湖南科学技术出版社

THE
FIRST
MOVER

总序

《第一推动丛书》编委会

　　科学，特别是自然科学，最重要的目标之一，就是追寻科学本身的原动力，或曰追寻其第一推动。同时，科学的这种追求精神本身，又成为社会发展和人类进步的一种最基本的推动。

　　科学总是寻求发现和了解客观世界的新现象，研究和掌握新规律，总是在不懈地追求真理。科学是认真的、严谨的、实事求是的，同时，科学又是创造的。科学的最基本态度之一就是疑问，科学的最基本精神之一就是批判。

　　的确，科学活动，特别是自然科学活动，比起其他的人类活动来，其最基本特征就是不断进步。哪怕在其他方面倒退的时候，科学却总是进步着，即使是缓慢而艰难的进步。这表明，自然科学活动中包含着人类的最进步因素。

　　正是在这个意义上，科学堪称为人类进步的"第一推动"。

　　科学教育，特别是自然科学的教育，是提高人们素质的重要因素，是现代教育的一个核心。科学教育不仅使人获得生活和工作所需的知识和技能，更重要的是使人获得科学思想、科学精神、科学态度以及科学方法的熏陶和培养，使人获得非生物本能的智慧，获得非与生俱来的灵魂。可以这样说，没有科学的"教育"，只是培养信仰，而不是教育。没有受过科学教育的人，只能称为受过训练，而非受过教育。

　　正是在这个意义上，科学堪称为使人进化为现代人的"第一推动"。

近百年来，无数仁人志士意识到，强国富民再造中国离不开科学技术，他们为摆脱愚昧与无知做了艰苦卓绝的奋斗。中国的科学先贤们代代相传，不遗余力地为中国的进步献身于科学启蒙运动，以图完成国人的强国梦。然而可以说，这个目标远未达到。今日的中国需要新的科学启蒙，需要现代科学教育。只有全社会的人具备较高的科学素质，以科学的精神和思想、科学的态度和方法作为探讨和解决各类问题的共同基础和出发点，社会才能更好地向前发展和进步。因此，中国的进步离不开科学，是毋庸置疑的。

正是在这个意义上，似乎可以说，科学已被公认是中国进步所必不可少的推动。

然而，这并不意味着，科学的精神也同样地被公认和接受。虽然，科学已渗透到社会的各个领域和层面，科学的价值和地位也更高了，但是，毋庸讳言，在一定的范围内或某些特定时候，人们只是承认"科学是有用的"，只停留在对科学所带来的结果的接受和承认，而不是对科学的原动力——科学的精神的接受和承认。此种现象的存在也是不能忽视的。

科学的精神之一，是它自身就是自身的"第一推动"。也就是说，科学活动在原则上不隶属于服务于神学，不隶属于服务于儒学，科学活动在原则上也不隶属于服务于任何哲学。科学是超越宗教差别的，超越民族差别的，超越党派差别的，超越文化和地域差别的，科学是普适的、独立的，它自身就是自身的主宰。

　　湖南科学技术出版社精选了一批关于科学思想和科学精神的世界名著，请有关学者译成中文出版，其目的就是为了传播科学精神和科学思想，特别是自然科学的精神和思想，从而起到倡导科学精神，推动科技发展，对全民进行新的科学启蒙和科学教育的作用，为中国的进步做一点推动。丛书定名为"第一推动"，当然并非说其中每一册都是第一推动，但是可以肯定，蕴含在每一册中的科学的内容、观点、思想和精神，都会使你或多或少地更接近第一推动，或多或少地发现自身如何成为自身的主宰。

再版序
一个坠落苹果的两面：
极端智慧与极致想象

龚曙光
2017年9月8日凌晨于抱朴庐

连我们自己也很惊讶,《第一推动丛书》已经出了25年。

或许,因为全神贯注于每一本书的编辑和出版细节,反倒忽视了这套丛书的出版历程,忽视了自己头上的黑发渐染霜雪,忽视了团队编辑的老退新替,忽视好些早年的读者,已经成长为多个领域的栋梁。

对于一套丛书的出版而言,25年的确是一段不短的历程;对于科学研究的进程而言,四分之一个世纪更是一部跨越式的历史。古人"洞中方七日,世上已千秋"的时间感,用来形容人类科学探求的速律,倒也恰当和准确。回头看看我们逐年出版的这些科普著作,许多当年的假设已经被证实,也有一些结论被证伪;许多当年的理论已经被孵化,也有一些发明被淘汰……

无论这些著作阐释的学科和学说,属于以上所说的哪种状况,都本质地呈现了科学探索的旨趣与真相:科学永远是一个求真的过程,所谓的真理,都只是这一过程中的阶段性成果。论证被想象讪笑,结论被假设挑衅,人类以其最优越的物种秉赋 —— 智慧,让锐利无比的理性之刃,和绚烂无比的想象之花相克相生,相否相成。在形形色色的生活中,似乎没有哪一个领域如同科学探索一样,既是一次次伟大的理性历险,又是一次次极致的感性审美。科学家们穷其毕生所奉献的,不仅仅是我们无法发现的科学结论,还是我们无法展开的绚丽想象。在我们难以感知的极小与极大世界中,没有他们记历这些伟大历险和极致审美的科普著作,我们不但永远无法洞悉我们赖以生存世界的各种奥秘,无法领略我们难以抵达世界的各种美丽,更无法认知人类在找到真理和遭遇美景时的心路历程。在这个意义上,科普是人类极端智慧和极致审美的结晶，是物种独有的精神文本，是人类任何其他创造 —— 神学、哲学、文学和艺术无法替代的文明载体。

在神学家给出"我是谁"的结论后，整个人类，不仅仅是科学家，包括庸常生活中的我们，都企图突破宗教教义的铁窗，自由探求世界的本质。于是，时间、物质和本源，成为了人类共同的终极探寻之地，成为了人类突破慵懒、挣脱琐碎、拒绝因袭的历险之旅。这一旅程中，引领着我们艰难而快乐前行的，是那一代又一代最伟大的科学家。他们是极端的智者和极致的幻想家，是真理的先知和审美的天使。

我曾有幸采访《时间简史》的作者史蒂芬·霍金，他痛苦地斜躺在轮椅上，用特制的语音器和我交谈。聆听着由他按击出的极其单调的金属般的音符，我确信，那个只留下萎缩的躯干和游丝一般生命气息的智者就是先知，就是上帝遣派给人类的孤独使者。倘若不是亲眼所见，你根本无法相信，那些深奥到极致而又浅白到极致，简练到极致而又美丽到极致的天书，竟是他蜷缩在轮椅上，用唯一能够动弹的手指，一个语音一个语音按击出来的。如果不是为了引导人类，你想象不出他人生此行还能有其他的目的。

无怪《时间简史》如此畅销！自出版始，每年都在中文图书的畅销榜上。其实何止《时间简史》，霍金的其他著作，《第一推动丛书》所遴选的其他作者著作，25年来都在热销。据此我们相信，这些著作不仅属于某一代人，甚至不仅属于20世纪。只要人类仍在为时间、物质乃至本源的命题所困扰，只要人类仍在为求真与审美的本能所驱动，丛书中的著作，便是永不过时的启蒙读本，永不熄灭的引领之光。

虽然著作中的某些假说会被否定，某些理论会被超越，但科学家们探求真理的精神，思考宇宙的智慧，感悟时空的审美，必将与日月同辉，成为人类进化中永不腐朽的历史界碑。

因而在25年这一时间节点上，我们合集再版这套丛书，便不只是为了纪念出版行为本身，更多的则是为了彰显这些著作的不朽，为了向新的时代和新的读者告白：21世纪不仅需要科学的功利，而且需要科学的审美。

当然，我们深知，并非所有的发现都为人类带来福祉，并非所有的创造都为世界带来安宁。在科学仍在为政治集团和经济集团所利用，甚至垄断的时代，初衷与结果悖反、无辜与有罪并存的科学公案屡见不鲜。对于科学可能带来的负能量，只能由了解科技的公民用群体的意愿抑制和抵消：选择推进人类进化的科学方向，选择造福人类生存的科学发现，是每个现代公民对自己，也是对物种应当肩负的一份责任、应该表达的一种诉求！在这一理解上，我们将科普阅读不仅视为一种个人爱好，而且视为一种公共使命！

牛顿站在苹果树下，在苹果坠落的那一刹那，他的顿悟一定不只包含了对于地心引力的推断，而且包含了对于苹果与地球、地球与行星、行星与未知宇宙奇妙关系的想象。我相信，那不仅仅是一次枯燥之极的理性推演，而且是一次瑰丽之极的感性审美……

如果说，求真与审美，是这套丛书难以评估的价值，那么，极端的智慧与极致的想象，则是这套丛书无法穷尽的魅力！

译者序

王俊毅
北海市
2021 年 6 月 12 日于北海市

就在我写这篇序言的时候，我在首都医科大学一个关于系统医学的报告中，又听到了《控制论》和作者诺伯特·维纳的名字。我是从2021年1月份开始，断断续续地直到6月份才把这本书译完的。我一边译，一边心里不禁地佩服作者：一本写于1948年、1961年再版的科学类书籍，在过了60年以后仍然有参考价值！这在一般人是做不到的。大家知道，尤其是科学类著作，很难在日新月异的新发现面前存活。对于这样思想深远、富有洞察力的作者，不能不令人肃然起敬。

控制论是一种思想，并不限于一个领域的技术。从这本书已经涵盖的通讯、控制、计算机、天文学、生物、医学、心理学、社会学、哲学等等宽广的领域，已经使读者领略到它的力量。作者在写作过程中并没有深入某一领域的技术细节，而是探讨一般原理。但是从这些原理的阐述，人们完全可以在计算机技术中开发出各种实用的算法，因此，这是一本具有实际指导意义的书。同时，通过书中对于最原始学科思想的阐述，读者可以获悉最初的学术思想来源，从而把握学科发展的正确方向。要知道，在现代科学错综复杂的探索中，走错方向或者应用的领域错误是很容易发生的。

本书作者早在1948年版本就论述了计算机具有学习的能力，在1961年第二版时更专门加了一章机器学习，而这正是今天热门的人工智能课题，相信本书对这门重要技术会有很大的参考价值。作者在把计算机与人类大脑做对比后指出，一台能够自己修改自己的程序（数据）的计算机具有思维推理即学习功能，并且预言了能够在下棋中战胜人类的计算机，而此事在21世纪60年代以后才真正实现。

作者同时预言了"当人类不能关掉计算机的电源"—— 为了让作恶的机器人停下来 —— 时的危险，在60年前就警告了人类，人工智能和核大战对人类的危险是相同的。我深感作者是一个真正具有人类良知的伟大科学家，与那些只善于制造武器的专家是根本不同的，在书中不止一处可以看出作者是一个人道主义者。而且他并不认为他的统计学，由于短期以及对于调查对象的干扰能适用于社会问题，非常实事求是。

本书在物理学的动力学、热力学、统计学、电磁学和量子力学方面都有深刻的见解，使用了微积分、微分方程、集合论、群论、实变及复变函数、概率与数理统计、随机过程、泛函分析、博弈论、数理逻辑等数学工具，对于拓广一个已经成功的学者的知识面，也有很大的参考价值。

在翻译这本书的时候，我常常有这样的冲动，想打乱原来的句子，像自己在学校给学生上课那样，用自己的语言把句子的意思讲清楚。但是这样，用词就不是原来的了。这样做，我有一个很大的顾虑：作者的思想很深邃，我并非这个领域的专家，万一我领会错了怎么办？或者我的解读不如作者的原意深刻，这是很可能发生的。最后，我决定还是基本上向忠于原文倾斜。我读了一下自己的译文，感觉与我读英文时差不多。即：如果在读英文时我需要理解并接受一个英语表达的新概念（这在读英文时常见的），那么在读译文时也需要这么做。当然，我尽量使读者理解的过程容易一些，这就是我目前能够做的，使读者真正听到作者的声音。

本书在翻译过程中得到吴忠超的不少有益的建议，没有他的帮助就不能产生这本译著，译者在此特别表示衷心的感谢！译者还感谢陈英佐、刘朝宇和王维提供的资料帮助。本书在翻译中，采用了此书1985中文再版的3个译者注以及一些日文俄文版注释，在此衷心表示感谢。欢迎广大读者对我的工作给予指正。

献给：阿图罗·罗森布鲁斯

感谢你陪伴我多年从事科学

第二版序言

诺伯特·维纳
剑桥，马萨诸塞州
1961 年 3 月

　　当我在 13 年前写作《控制论》的第一版时，由于一些困难的限制，结果低级的印刷错误成堆，也有内容方面的错误。今天，我相信重新审视控制论这本书的时候到了。我们不但要以将来有一天会实行它包含的计划这一角度来审视它，同时也要把控制论作为一门当今的科学。因此，我利用这个机会对本书做一些必要的修改，把这个课题在眼下的广泛进展介绍给我的读者们，同时还介绍第一版发行以来出现的新的有关思考模式。

　　如果一个新的科学课题具有真正的生命力，人们对它的兴趣必然也应该随着时间跟着它转移。当我第一次写作《控制论》的时候，我发现阐述自己观点的主要障碍是，统计信息及控制理论的概念对于当时的主流学术界是全新的，甚至可能是令人震惊的。今天，对于通讯工程师和自动控制设计师来说，这些已变成了如此熟悉的一个工具，以至于我必须警惕的主要危险变成了，本书可能显得平庸且过时了。在工程设计和生物学领域，反馈的概念已经完整地建立了，信息的作用及其测量与传输，对于工程师、生理学家、心理学家和社会学家来说，构成了一门完整的学科。本书第一版仅仅略加提及的自动机，已经自己发展起来，同时，我不但在本书而且在它的有名的小姊妹篇

《人有人的用处》[1]中，所警示的由此产生的社会危险，已经从地平线上
vii 高高升起。

于是理所应当的，控制论学者应该转向新的领域，并且把大部分
注意力转到过去十年发展起来的新思想上去。简单的线性反馈，它的
研究在唤醒科学家们去研究控制论时，曾经是多么的重要，如今它看
起来比人们第一次看到它时，远非那么简单同时远非那么线性。事实
上，在电路理论的早期，电路网络的系统分析处理没有超越电阻、电
容和电感的线性连接。这意味着，整个课题使用信息传输的谐波分析、
信息所通过的电路的阻抗、导纳、电压比来描述就足够了。

在《控制论》出版之前很久，人们意识到非线性电路（例如我们
在许多放大器、稳压器、滤波器等等见到的）的研究不容易套进前面
所说的框架中。于是，由于需要一种更好的方法，人们做了许多尝试
把旧电工学的线性表述大大扩展，直至新型器件可以自然地得到描述。

当我在1920年前后来到麻省理工学院时，人们一般都用这样的
模式来研究非线性器件，即寻找阻抗概念的一种直接推广，既描述线
性系统，又描述非线性系统。其结果就是非线性电工学的研究进入这
样的一种状态，它可以和托勒密的天文学系统的最后阶段相比较，在
这个天文学系统中，行星轮曾经堆叠在行星轮上，修正堆叠在修正之
上，直到形成一个无限巨大的补丁结构，最终由于其重量而坍塌。

1.诺伯特·维纳：《人有人的用处：控制论与社会》，霍顿米夫林公司，波士顿，1950

　　作为类比，哥白尼系统出自于筋疲力尽的托勒密系统的沉船残骸，哥白尼使用简单而自然的日心说来描述天体的运动，放弃了复杂而含混不清的托勒密地心说；同样，非线性系统和结构的研究，无论是电的还是机械的，也无论是自然的还是人工的，都需要一个崭新独立的起点。我在我的《随机理论中的非线性问题》[1]这本书中，尝试着提出一种新的方法。原来，当我们考虑非线性现象时，处理线性现象时具有压倒重要性的三角分析不再能沿用。这里有一个清晰的数学原因。电路现象像很多物理现象一样，是对时间原点的平移具有不变性 viii 的。一个物理实验如果我们从正午开始，到2点它将达到某一个阶段；那么如果我们从12点15分开始，到2点15分这个实验也将达到相同的阶段。物理定律就这样遵循着时间平移的不变性。

　　三角函数 $\sin nt$ 与 $\cos nt$ 对于相同的平移群具有某些重要的不变性。一般的函数

$$e^{i\omega t}$$

当我们在 t 上加 τ 作出平移以后，将变成

$$e^{i\omega(t+\tau)} = e^{i\omega\tau}e^{i\omega t}$$

结果，

---

1. 诺伯特·维纳：《随机理论中的非线性问题》，麻省理工学院技术出版社与约翰威利父子公司，纽约，1958

$$a \cos n(t + \tau) + b \sin n(t + \tau)$$
$$= (a \cos n\tau + b \sin n\tau)\cos nt + (b \cos n\tau - a \sin n\tau)\sin nt$$
$$= a_1 \cos nt + b_1 \sin nt$$

换言之，函数族

$$Ae^{i\omega t}$$

以及

$$A \cos \omega t + B \sin \omega t$$

在平移下具不变性。

还有其他函数族在平移下具不变性。让我们考虑一个所谓的随机游走，其中一个粒子在任意时间间隔的运动具有一种分布，它仅依赖于该时间间隔的长度，而与其初始化之前发生的一切事件无关，那么在时间平移下，随机游走的结果将回到它自己。

换言之，三角函数曲线的单纯平移不变性是一个被其他函数集共享的性质。

除了这些不变性，三角函数特有的性质有

$$Ae^{i\omega t} + Be^{i\omega t} = (A + B)e^{i\omega t}$$

于是这些函数构成了一个极其简单的线性集。我们注意到这个性质与线性有关。即，我们可以将一个给定频率的所有的震荡简化到两项的线性组合。正是这个特性，在电路的线性处理中创造了谐波分析的价值。函数

ix

$$e^{i\omega t}$$

是平移群的特征，同时产生了这个群的线性表述。

但是，当我们处理与常数相加之外的函数操作时－例如当我们使两个函数相乘时－简单的三角函数不再显示这个基本的群性质（平移）。另一方面，随机函数，例如出现在随机游走中的，确实具有某些性质，非常适合关于它们非线性组合的讨论。

我几乎没有愿望在这里讨论这个工作的细节，因为这在数学上非常复杂，同时它在我的书《随机理论的非线性问题》中已经包含了。那本书的材料在一些具体的非线性问题的讨论中已经被充分应用，但是在执行那里列出的计划中有很多内容有待完成。在实践中它所归结到的是，对于非线性系统研究，合适的试验输入具有布朗运动性质，而不是一组三角函数。在电路的例子里，这个布朗运动函数从物理上可以用散粒效应产生。这个散粒效应是电流的一种不规则现象，它是由以下事实引起：电流不是一种电的连续流体，而是一系列一个一个的相同的电子。这样，电流就要服从统计不规则性，其本身具有一种均匀的性质、可以被放大到这样的程度使其构成一种可以感觉的随机噪声。

　　如我将在第9章展示的，这个随机噪声理论不但可以在电路及其他非线性过程的分析中得到实际应用，而且可以用于它们的合成[1]。所使用的方法是一个非线性工具输出的简化，这个工具具有随机输入到一系列完整定义的正交函数，这些函数与埃尔米特多项式密切相关。一个非线性电路的分析问题就是要决定这些多项式的系数，这是通过平均过程输入的某些参数中完成的。

　　这个过程的描述相当简单。除了代表尚未分析的非线性系统的黑匣子以外，我还有一些已知的结构体，它们我称之为白匣子，代表了所需扩展的各个项[2]。我把同样的随机噪声放入黑匣子以及一个给定的白匣子。在黑匣子开发中，白匣子的系数是由它们输出的乘积的平均值给定。虽然这个平均需要对散粒效应的整个输入集来做，有一个定理允许我们用时间平均，在整个集中除了一组几率为零的点之外，取代上面的平均。为了得到这个平均，我们需要自由地使用一种乘法工具，用它我们能够得到黑、白匣子输出的乘积，以及一种平均工具，我们能够使它基于以下事实：一个电容器两端的电势正比于电容器中持有的电量，因此正比于流过它的电流的时间积分。

　　要决定那些一个一个加入黑匣子的等效示意图的每一个白匣子的系数，不但是可能的，而且还能够同时地决定这些量。甚至，通过

1. 在这里我使用"非线性系统"这一术语不是为了排除线性系统，而是为了包括一大类系统。使用随机噪声来分析非线性系统也适用于线性系统，而且已经这样使用。
2. 术语"黑匣子"和"白匣子"是比喻性的方便表达，并没有很好的定义过。我将一个黑匣子理解成一个装置，例如一个四端网络具有两个输入端口及两个输出端口，对输入电势的当前和过去执行一个确定的操作，然而对于执行操作的装置的结构我们不一定知道任何信息。另一方面，一个白匣子是一个类似的网络，在当中我们已经建立了输入和输出电势的关系，与一个确定的结构计划一致，以保证一种过去确定的输入-输出关系。

使用适当的反馈器件，能够使每一个白匣子自动调节到一个对应它在开发黑匣子中的系数，这样一个水平。这样，我们就能构造出一个多重白匣子，当它适当地连接到一个黑匣子并且接受相同的随机输入，将会自动形成一个黑匣子的等效运行模块，哪怕它内部结构可以截然不同。

　　分析、合成、白匣子自动调节成为类似黑匣子，这些操作可以由阿玛尔·玻色教授[1]和加博尔教授[2]描述的其他方法执行。在所有这些当中，有一种使用了某种工作或者学习的过程，通过为黑匣子和白匣子选择适当的输入并作比较；在许多这样的过程中，包括玻色教授的方法，乘法器起了重要的作用。虽然有许多途径来解决两个函数"电相乘"的问题，在技术上这个问题是不容易的。一方面，一个好的乘法器必须能在一个大的幅度范围里工作；另一方面，它的运算必须几乎是瞬时的以便在高频时也是准确的。加博尔宣称他的乘法器频率范围可达1000赫兹。他作为伦敦大学帝国科技学院电气工程教授的主席，在他的开幕演讲中，他没有明确阐明他的乘法有效适用的幅度范围，也没有说明得到的精确度。我正在急切地等待这些指标的明确说明，以便我们对在其他依赖这个乘法器的装置中使用，做出完善的评估。

　　一个装置基于过去的经验呈现一种特定的结构或者功能，所有这些器件导致一种在工程学和生物学上有趣的新高度。在工程学上，特

---

1. A. G. 玻色，《非线性系统的描述及优化》，IRE Transactions on Information Theory, IT-5, 30-40 (1959) (Special supplement to IRE Transactions)
2. D. 加博尔，《电子学的发明及其对文明的冲击》开幕演讲，1959.3.3，帝国科技学院，伦敦大学，英格兰

性类似的器件不但可以用来玩游戏和完成其他有目的的行动，而且在这当中，基于过去的经验连续改进性能。我将在本书第9章里讨论一些这样的可能性。在生物学上，我们至少有一个也许是生命的中心现象的类比物。为了使遗传成为可能以及为了细胞倍增，有必要使一个细胞的遗传承载部分－所谓的基因－能够以它们自己的形象构造别的类似的遗传承载结构。因此，对于我们来说具有一种手段，使工程结构能够产生与它们自己类似功能的其他结构，这是非常激动人心的。这我将用第10章来讲这个题目，特别我将讨论，一个给定频率的振荡系统如何将其他振荡系统还原到相同的频率上来。

经常有这样的叙述：现存分子的影像里任何一种具体分子的产生，与在工程学中使用模板有相似性，在工程学的模板里我们能使用一台机器的一个功能元件作为样板而造出另一个类似的元件。模板的影像是静态的，一定有某个一种基因分子制造另一种的过程。我给出下面试验性的建议：分子光谱的频率也许是承载生物物质标识的样板元素；而基因的自组织也许是频率自组织的表示，这一点我将在后面讨论。

我已经一般性地谈到机器学习。我将把一章投入到更详细地讨论这些机器、潜力以及使用它们的一些问题。在这里，我想做几个一般性的评论。

在第1章可以看到，机器学习的概念与控制论本身一样古老。在我描述的防空预测器里，用于任何给定时刻的预测器的线性特征，取决于长时间地熟悉我们想预测的时间序列集合的统计。虽然，关于这

些特征的知识可以按照我在那里给出的原理用数学方法获得，我们完
全可能配置一台计算机来获得这些统计并研究出预测器的短期特征，
这种研究基于用于预测的同一台机器已经观测到的、同时自动获得的
经验。这能够远超过纯线性的预测器。在卡连布尔、玛萨尼、阿库托
维奇和我[1]的各篇论文里，我们提出了一种非线性预测理论，它可想而
知至少能够与使用长期观测的方式类似地，以机械化的方式给出短期
预测的统计基础。

线性和非线性预测的理论都涉及某些预测切合度的标准。最简单
的标准，虽然绝非唯一可用的，是均方误差最小。这被用于与布朗运
动的泛函相联系的一种特殊形式，布朗运动被我用于建构非线性装置，
因为我研究得到的各个项具有某些正交性。这些情况保证了有限数
目的这些项的部分和，是被模仿的装置的最好模拟，应用这些项可以
做到这一点，假如维持均方误差的标准的话。加博尔的工作也依赖于
均方误差标准，但是他以一种更广义的方式，适用于经验取得的时间
序列。

机器学习的概念能够把它的应用远远地扩展到预测器，滤波器，[xiii]
和其他类似的装置。这对从事竞争性的例如跳棋这样的机器的研究与
构建特别重要。这里，最关键的工作已经由IBM实验室的塞缪尔[2]和渡

1. 诺伯特·维纳与P. 玛萨尼，《多变量随机过程的预测理论》，Part I，Acta Mathematica，98，111-150（1957）；Part II，同上，99，93-137（1958）。以及诺伯特·维纳与E. J. 阿库托维奇，《单一变换随机伴随的定义及遍历性质》，Rendiconti del Circolo Matematico di Palermo, Ser. II, VI, 205-217（1957）
2. A. L.塞缪尔，《机器学习中使用跳棋的一些研究》，IBM Journal of Research and Development, 3, 210-299（1959）

边[1]完成了。在滤波器和预测器的研究中，研发了时间序列的某些函数，由此能够扩展出一个更大类别的函数。这些函数能够有极大量的数值解，而游戏的得胜依靠这些解。例如，它们构成了双方棋子的数目，这些棋子的指令总数，其移动性，等等。在使用机器一开始的时候，对各种考虑给出试验权重，而机器按总权重有一个极大值选择可接受的动作。到这一时刻，机器还是根据僵硬的程序来工作，还不是一个学习机。

然而，机器不时地承担一个不同的任务。它尝试着扩展那个1为赢、0为输、也许1/2为平局的函数，它借助于各种函数来表达机器能够认识事物的考虑。就这样，它重新决定这些考虑的权重，以便于能够玩更复杂的。我将在第九章讨论这些机器的某些性能，但是这里我必须指出，这些机器已经相当成功：机器在10到20小时的学习以及工作，能够打败它们的程序员。在那一章里我也愿意提及，已经在类似的机器上做了某些工作，这些机器是设计用于证明几何定理，以及在有限程度上模拟逻辑归纳。

所有这些工作是"编程的编程"的理论与实践的一部分，这个题目在麻省理工学院的电子系统实验室里已经做了广泛的研究，在这里人们已经发现，如果不使用这样的自学器件，对一个模式僵硬的机器编程，本身是一件极其困难的任务，同时，我们急需对这种编程进行编程的器件。

---

1. S.渡边，《多变量相关性的信息理论分析》，IBM Journal of Research and Development, 4, 66-82（1960）

既然机器学习的概念适用于那些我们自己制造的机器，那么它也关系到那些我们称之为动物的活的机器，结果，我们就有可能打开生物控制论的大门。在这里，我想在各种各样当前的研究中，挑出一本斯坦利-琼斯论述生命系统[1]控制论的书。在这本书中，他们投入大量篇幅关注神经系统维持工作水平的那些反馈，同时也关注应答特殊刺激的其他那些反馈。因为系统的水平与特定的应答之结合，在相当程度上是可以相乘的，所以它也是非线性的，包含了我们已经谈及的那种考虑。这个领域的活动如今极其活跃，我期待它最近将变得更加活跃。

我迄今所给出的记忆机器的方法，以及自乘机器的方法之大部分，虽然不是全部，依赖高度专业化的装置，或者我可以称之为蓝图装置。这个相同过程的生理学方面必须更加符合生物体的奇特的技术，其中蓝图被代之以一种不特定的、系统自组织的过程。本书第十章致力于一种自组织过程的样本，即通过此过程在脑电波中形成了一些狭窄的、高度个别的频率。因此，这大部分是前一章在生理学方面的孪生篇章，那里我在一种蓝图的基础上讨论了类似的过程。在脑电波里存在尖锐的频率，以及我给出的理论解释它们来自于哪里、它们能够做什么、以及它们有什么医学用途，这一切在我的脑海里代表了一种生理学的重要的新突破。类似的思想能够用于生理学的许多其他地方，并且能够对生命现象的基础研究做出实在的贡献。在这个方面，我所给出的多少是一种计划而不是已经完成的工作，但是，这是一个我抱有巨大希望的计划。

---

1. D.斯坦利-琼斯和K.斯坦利-琼斯，《自然系统控制论，模式控制研究》，Pergamon Press, 伦敦，1960

在本书第一版以及在目前这版中，我都没有企图把这本书作为控制论所有做过的工作的概要。我的兴趣和我的能力都达不到。我的意图是在这个课题上表达并放大我的思想，以及展示一些思想以及哲学思考，它们在开始的时候引导我进入这个领域，并且在其发展中继续吸引着我。所以，这是一本极其个性化的书，大量篇幅致力于我自己感兴趣的那些研究，对于那些我自己没有工作过的内容较少投入。

在修改本书中，我在许多方面得到了宝贵的帮助。我特别必须感谢MIT出版社康斯坦斯·D.博伊德小姐的合作，东京理工学院花原世高博士，MIT电气工程系李郁荣博士，贝尔电话实验室戈登·赖斯贝克博士。同时，在写作我的新章节时，特别在第十章的计算里，在该章里我考虑了自组织系统其在脑电图的研究中彰显了自己，我愿意提及我从我的学生那里接受的帮助：他们是，约翰·科特利和查理斯·E.罗宾森，特别是马萨诸塞州总医院约翰·S.巴洛的贡献。詹姆士·W.戴维斯完成了索引。

没有所有这些人的细致用心和投入，我不会有这样的勇气或精准来生产一个新的校正过的版本。

目录

控制论

1

初版 1948

引言

国家心脏病研究所，
墨西哥城
1947 年 11 月

　　本书是阿图罗·罗森布鲁斯博士、哈佛医学院和现在的墨西哥国立心电图学院联合开展的一项研究计划在十多年以后的结果。在那些日子里，罗森布鲁斯博士，作为已故沃尔特·B. 卡诺的同事及合作者，召开了每个月的关于科学方法的系列讨论会。与会的大部分是年轻的科学家，我们在范德比尔特大厅围绕着一个圆桌聚餐，谈话活跃而无拘束。这不是一个任何人想坚守他的尊严的地方：既不鼓励又不可能。饭后，某个人–或者我们组里的一个人或者被邀嘉宾–会宣读关于某个科学题目的论文，通常是一篇方法论的问题成为第一考虑或者至少是领先考虑的。演说者必须挑战尖锐的批评，这些态度和蔼然而无情的批评。对于半生不熟的思想、不充分的自我批评、夸张的自信和浮夸来说，这是一种完美的净化。那些受不了的人就不再参会，但是，在这些会议的老的与会者中，我们中间有不止一人，感到自己对于会议的进展做出了重要且永久性的贡献。

　　不是所有的参会者都是医生或医学科学家。我们中有一个人，他是一个非常稳定的常客，对我们的讨论帮助极大，他是曼努埃尔·桑多瓦尔·瓦拉塔博士，像罗森布鲁斯博士一样是一个墨西哥人，一个麻省理工学院的物理学教授，是我在一次世界大战后来到学院时的第一批学生之一。瓦拉塔博士经常带一些他在MIT的同事参加这些讨论会，在一次这样的讨论会上，我认识了罗森布鲁斯博士。我过去很长时间对科学方法感兴趣，并且事实上我是约西亚·罗伊斯的关于这个题目的哈佛研讨会在1911—1913年间的参会者。[1]

此外，人们感到，有一个能够对数学问题做批评性的检查的人在场，这是很重要的。我于是变成了这个小组的积极成员，一直到1944年罗森布鲁斯博士打电话到墨西哥，同时战争的混乱结束了这系列的会议。

很多年来，罗森布鲁斯博士和我都相信，科学发展最有成果的领域是那些处于成熟的领域之间、历来作为无人区被忽视的领域。从莱布尼兹以来，恐怕没人像他那样完全掌握了他的时代的所有智识活动。自从那个时代以来，在一些表现出日益变窄倾向的领域，科学不断地变成了专家的任务。一个世纪以前，也许还没有莱布尼兹，但是有一个高斯，一个法拉第，和一个达尔文。今天，几乎没有学者能够没有限制地自称数学家或物理学家或生物学家，一个人可以是一个拓扑学家或声学家或鞘翅目昆虫学家。他将被行话所塞满，将知晓该领域的所有文献和所有分支，但是，更常见的是，他把与他的领域紧挨着的那个领域的课题看做属于走廊里隔三道门的那个同事的事情，并且把自己这方对那课题的兴趣看做不被允许的侵犯隐私。

这些专门化的领域正在继续发展和侵入新的领土。其结果很像俄勒冈州被美利坚联邦殖民者、英国人、墨西哥人和俄国人同时入侵时发生的那样，一团难解的探险、命名和法律的纠纷。正如我们将在本书的正文见到的，这些科学工作的领域已从不同的方面：纯数学、统计学、电工和神经生理学，被探索过；在这些方面，每一种概念从各自的领域接受了各自的名字，在各自领域做了三倍或四倍的重要工作，然而还有其他重要工作因为一个领域的结果得不到而被延迟，而该结果在附近的领域也许已经是经典了。

对于合格的研究者来说，正是这些边界区域提供了最丰富的机会。于此同时，对于已经广为接受的集体进攻和劳动分工的技术来说，它们是最难驾驭的。如果一个生理学的问题基本上是数学的，那么十个不懂数学的生理学家与一个不懂数学的生理学家可以达到的研究深度是完全一样的，绝不会更深。如果一个不懂数学的生理学家和一个不懂生理学的数学家在一起工作，第一个人不能以另一个能够操作的方式来阐述他的问题，而另一个人不能以第一个人能够明白的形式将答案展示出来。罗森布鲁斯博士始终坚持只有这样的一个科学家梯队能够适当地探索科学地图的空白领域，这个梯队每个人都是自己专业的专家，同时在他队友的专业上具有透彻的经过培训的了解；所有梯队成员具有这样的习惯：一起工作，了解相互的知识习俗，在一个同事的新建议尚未完整表达之前就认识到其重要性。数学家不需要从事生理学实验的技能，但是必须具有理解、批评和建议的技能。生理学家不需要能够证明某个数学定理，但是他必须能够掌握其生理学意义并且告诉数学家他应该寻找什么。我们多年来梦想一个独立科学家的机构，这些科学家在科学的未开垦地上一起工作，他们不是某一位伟大的执行官的下级，而是由于欲望而联手，确实由于精神上的需要，去理解这个领域的整体，并且互相给予那种理解的力量。

　　远在我们选择做联合调研的领域以及选择我们各自的作用之前，我们就在这些事情上达成一致了。战争是这个新步骤的决定因素。在相当长时间里我已经知道，假如全国紧急状况到来，我在其中的作用将大部分由这两件事决定：我密切接触凡内瓦尔·布什博士研发的计算机的计划，以及我与李玉荣博士在电网设计方面的联合工作。事实上，这两件事被证明都很重要。1940年夏天，我将一大部分精力投入到研发计算机来解偏微分方程。我对这些感兴趣已经很久，并且确信，与布什博士在他的微分分析器上处理得那么好的常微分方程做对比，这里的主要问题在于多变量函数的表示。我也确信，用于电视的扫描过程给出了那个问题的答案，事实上，电视对于引进这样的新技术的工程，注定比作为一个独立的工业要更有用。

　　现在很清楚了，任何扫描过程，与常微分方程问题里的数据量相比，一定大大地增加被处理的数据量。为了在一个合理的时段里获得合理的结果，有必要将基本运算的速度推到最高，同时通过一些本质 ³ 上较慢的步骤避免打断这些运算流。同时，有必要以高度精确来执行单个运算，这样基本运算的巨量重复不至于引起如此大的积累误差淹没了一切精度。于是，建议了下面的要求：

　　1.计算机的中央加法与乘法器应该是数字的，就像在普通的加法机里那样，而不像布什的微分分析器中那样是基于测量的。

　　2.这些本质上是开关器件的机制，为了保证动作迅速，应该依赖电子管而不是齿轮或者机械继电器。

3.与贝尔电话实验室的某些已有的装置采用的政策一致，在器件中采用二进制做加法和乘法而不用十进制，这也许更经济。

4.整个操作顺序在机器本身上设置好，这样，从数据输入到结果取走，没有人的干预。所有必要的逻辑决定应该存入机器本身。

5.机器包括一个储存数据的装置，它应该很快地记录数据，紧紧地保存数据直到擦掉，很快地读出，很快地擦除，然后马上可以用于储存新资料。

这些推荐，以及关于实现方法的临时建议，已发给凡内瓦尔·布什博士让他们可能用于战争。在准备战争的阶段，这些看起来似乎没有足够高的优先度值得花时间马上开始工作。但是，它们都代表了已经被整合到现代超高速计算机里的思想。这些概念都代表了时代思想的精神，而我从来不愿意宣称是自己的责任引进了这些思想。然而，它们被证明是有用的，同时我希望我的备忘录在工程师中推广它们有某些效果。无论如何，当我们读本书的正文时，它们都是有趣的思想，

4 与神经系统的研究有关。

这个工作于是放上桌面，虽然没有证明它不出结果，罗森布鲁斯博士和我并没有马上启动项目。我们实际上的合作来自于另一个项目，那同样是为了上一次战争而开展的。战争的初期，德国人在航空中的声威及英国的守势使许多科学家的注意力转向防空火炮的改进上。即使在战前，人们已经很清楚，飞机的速度已经使所有经典的炮火瞄准方法变得过时，有必要将所有必须的计算加入进控制装置中去。由于

这个事实使得做到这一点更加困难，即，与以前遇到的目标不同，飞机的速度与用于击落它的导弹的速度相比较，慢得不太多。因此，极其重要的不是朝着目标发射导弹，而是这样发射：在未来某时刻导弹与目标在空间相遇。因此我们必须找到某种预言飞机将来位置的方法。

最简单的方法是沿着一条直线外推飞机的当前轨迹，这有许多可以推荐。飞机在飞行中双弯和弯曲越多，它的等效速度就越小，它完成任务的时间就越少，停留在危险区域的时间就越长。在其他条件相同的情况下，飞机会尽可能地按直线轨迹飞行。然而，到第一个炮弹爆炸的时候，其他条件就不同了，飞行员也许会之字形前进，来一个特技动作，或者用其他方法做出避让动作。

假如这个动作完全由飞行员自己决定，同时飞行员将明智地使用他的机会，例如人们可以期待一个优秀的扑克手会做的那样，在一颗炮弹到达之前，他有如此多的机会来修正人们预期的他的位置，我们不应该估计有很大可能打中他，除非也许在一种非常浪费的密集火力下。另一方面，飞行员在操纵上并没有完全的自由。一点是，他身处一架极端高速的飞机里，任何从他轨道的太突然的偏离会产生使他昏厥以及可能使飞机散架的加速度。然后，他只能移动飞机的表面控制飞行，飞机表面形成的大团气流需要一个短时间来建立。即使完全建立了，这仅仅改变了飞机的加速度，而在最终生效之前，加速度的改变首先必须转换为速度的改变，然后转换为位置的改变。

此外，一个在战斗状态压力下的飞行员很少会处于一种心态可以行动既复杂又自由自在，非常可能的是，他只是遵循以往受训的模式。

　　所有这些使得预言飞行曲线的研究值得花费一定时间，不管结果是赞成还是不赞成使用曲线预言的控制装置。预言一条曲线的将来，是对它的过去执行某种运算。真正的预言运算器无法用任何可搭建的装置实现，但是有一些运算器本身有一些类似，同时事实上是可以由我们能够构建的装置实现的。我向麻省理工学院的塞缪尔·考德威尔教授建议说，这些运算器值得一试，他立刻建议我们在布什博士的微分分析器上试验一下，将此作为想要的火力控制装置的现成模型。我们这样做了，结果将在本书的正文中讨论。不管怎样，我参加了一个战争项目，在里面朱利安·H. 比格洛先生和我是合伙人，我们研究预言理论以及体现这些理论的装置的构建。

　　大家可以看到，我第二次参与了一种机电系统的研究，它被设计用来代替了一种人类的具体功能：第一，执行一种复杂模式的计算；第二，将来的预言。第二点中，我们不应该避开讨论某些人类功能的性能。在某些火控装置里，确实最初的指向脉冲直接来自雷达，但是在更通常的情况里，有一个人的枪指针或者一个枪训练员或者二者都结合到火力控制系统，并变成它的一个重要组成部分。为了将它们从数学上集成到它们控制的机器中，了解它们的特性是非常重要的。此外，它们的目标，飞机，也是人类控制的，需要知道飞机的性能特征。

　　比格洛先生和我做出一个结论，在志愿活动中一个极其重要的因素是，控制工程师们对于"反馈"这个术语的解释。我将在适当的章节相当详细地讨论这一点。这里只需要说，当我们要一个运动跟随一个指定的模式时，这个模式与实际上执行的运动之间的差别被用作6 一个新的输入，这个输入使得被调节的部件以这样的方式运动，结果使它的运动与给定的模式更接近。例如，有一种形式的船的操舵引擎，它会将轮子的读数增加一个相对于舵柄的偏移量，舵柄可以调节操舵引擎的阀门使得舵柄的运动将这些阀门关闭。这样，舵柄旋转，使调节阀偏移的另一端向船体中部变动，用这个办法把轮子的角度记录下来作为舵柄的角度位置。很清楚，任何阻挡舵柄运动的摩擦或者别的延迟力，将在一个方向增加进入阀门的蒸汽，在另一个方向减少蒸汽，这样来增加使舵柄到达它想要的位置的力矩。反馈系统就这样使操舵引擎的性能相对地独立于负载。

另一方面，在某些延迟等等的条件下，一种过于粗糙的反馈会使方向舵打过头，这会跟随一个另一方向的反馈，使得方向舵更加打过头，直到操舵机构进入一种疯狂的震荡或者称为"搜索"状态，系统完全崩溃。在麦克柯尔[1]的书中，我们找到对反馈非常精确的讨论，在一些条件下反馈是有益的，在一些条件下系统会崩溃。这是一种我们从定量的观点透彻理解的现象。

现在假定我拿起一支铅笔。为了做这个动作，我必须运动某些肌肉。然而，除了几个解剖学专家以外，我们所有人都不知道这些肌肉是什么，同时即使是解剖学专家，很少有人，如果有的话，能够有清醒意识地收缩一系列有关的肌肉来完成这个动作。相反，我们愿意的就是把铅笔捡起来。一旦我们决定做这件事，我们的动作就是这样进行的：我们可以粗略地说，铅笔尚未被捡起来的程度在每一阶段都在减少。这部分动作不是完全自我觉醒的。

---

1. L. A. 麦克柯尔，《伺服机构的基本理论》，Van Nostrand，纽约，1946.

　　要这样来做这个动作，必须有一个报告告知神经系统，自觉的或者是不自觉的，内容是每一瞬间我们还没有捡起铅笔的程度。如果我们用眼睛盯着铅笔，这个报告至少部分可以是视觉的，但是这通常是肌肉运动知觉的，或者用今天时髦的术语叫作本体感受的。如果这种本体感受的感觉不令人满意，同时我们也没有用视觉等取代之，我们就不能做成捡起铅笔的动作，并且发现我们自己处于一种所谓的共济失调状态。这种形式的共济失调以中央神经系统的梅毒形式称为脊髓痨的为人们所熟悉，其中由脊神经传导的肌肉运动知觉或多或少被毁伤。

　　然而，过度的反馈往往与有缺陷的反馈一样严重，这同一个残废人对于一个有组织的活动一样。比奇洛先生和我向罗森布鲁斯博士提出一个非常专门的问题：有没有这样一种病理状况，病人想做一个自愿的动作例如捡起铅笔，超过了铅笔的范围，进入一种不能控制的"振荡"？罗森布鲁斯博士马上回答我们说，是有一种这样的众所周知的情况，称为目的震颤，经常伴随小脑损伤。

　　我们就这样找到了最重要的证明，证实了我们关于至少是某种自愿行为的性质的假说。人们将注意到我们的观点大大超越了神经内分泌学家的那种趋势。中央神经系统不再看起来是一个自给的器官，从各种感官接受输入然后排放到肌肉中去。相反，一些它最有特点的活动只能看做是循环过程才能解释得通，这些循环过程从神经系统出来进入肌肉，然后通过感官重新进入神经系统，无论这些感官是本体感受器或者是具体感觉器官。在我们看来这标志着神经生理学那部分研究的一个新步骤，那个部分不但关心神经和突触的基本过程，而且是神经系统整体的性能。

我们三人感到这个新观点值得写一篇论文，这篇文章我们写出来并且发表[1]了。罗森布鲁斯博士和我预见这篇文章只能宣告一个大的实验计划总体，我们决定，如果我们能够把我们的计划带给一个跨学科的研究机构来开花结果，这个题目会充实我们的一个几乎理想的活动中心。

在控制工程水平上，比奇洛先生和我已经非常清楚控制工程与通讯工程的问题是不可分割的，同时，它们不是处于电工技术的中心，而是处于更加基本的消息概念的中心，不管这种消息是由电的、机械的还是神经方式传送的。消息是一个离散的或者连续的分布在时间上的可测事件 – 由统计学家准确地称之为时间序列。

8

对于一条消息的未来的预言，是由某一种运算器对消息的过去的操作完成的，无论这个运算器是用一种数学计算的方案实现，还是用一种机械或者电气装置实现。在这方面，我们发现，我们一开始考虑的理想的预言机制被两类大致具有对立性质的误差所困扰。虽然我们一开始设计的预言装置，能够预期做出一条极其平滑的达到任何想要的近似程度的曲线，这种行为的改进总是在付出了不断增加的敏感性的代价得到的。这个装置得到的波动越平滑，它更加多地被小偏离平滑激起振荡，而这样的振荡消失的时间就更长。这样，一个平滑波的高质量预言比一个粗糙曲线的尽可能好的预言，看来需要一个更加精

1. A.罗森布鲁斯博士，诺伯特·维纳，及 J. 比奇洛《行为，目的和技术》，Philosophy of Science，10,18 - 24（1943）

细和灵敏的装置，同时，在一个特定的情况某一个装置的选用，取决于需要预言的现象的统计性质。这一对相互作用的误差类型，对照海森堡量子力学里，位置与动量的测量问题以测不准原理描述，看起来有某些共同点。一旦我们清楚地认识到，最优预言问题的解决只能求助于预言对象的时间序列统计才能得到，这就不难把原来似乎是预言理论的一个困难，变成一个实际上是解决预言问题的有效工具。取得了一个时间序列的统计，就有可能通过一个给定的技巧和线索，导出预言均方误差的显式。一旦我们有了它，我们能够把最优预言的问题翻译成决定一个具体的运算器的问题，把一个依赖这个运算器的正的量，化成一个极小值。这一类的极小值问题属于一个被承认的数学分支，变分法，而这个分支具有一种被承认的技术，在这个技术的帮助下，在给定统计性质后，我们能够得到预言时间序列问题的最好的显式解，而且进一步，通过一个可建构的装置，达成这个解的物理实现。

9　　一旦我们做到这一点，至少一个工程设计问题展现了一个全新的面貌。一般来说，工程设计被看作是一种艺术而不是一种科学。

通过将这一类问题化为求极小值，我们就为本课题建立了更加科学的基础。在我们看来，这不是一个孤立的例子，而是有一整个领域的工程问题，那里有类似的设计问题可以用变分法来解决。

我们用同样的方法对付及解决类似的其他问题，这当中有设计滤波器的问题。我们常常发现一条消息被外来的我们称之为背景噪声的干扰所污染。我们于是面对在被扭曲的消息上使用运算器来恢复原始消息的问题，这一原始消息或是在给定的超前下，或被一个给定的滞后所修改。这个运算器以及实现装置的最佳设计，依赖于消息和噪声，这两者之一以及两者共同的统计性质，这样，我们在滤波器的设计中，将以前依靠经验并且相当随意的过程，代之以具有完全科学推理的过程。

在这样做的时候，我们把通讯工程变成了一种统计科学，统计力学的一个分支。事实上，一个多世纪以来，统计力学的概念一直在渗透科学的每一个分支。我们将看到现代物理学中统计力学的支配地位对于时间的性质的解释具有至关重要的意义。然而在通讯工程的例子里，统计元素的意义马上是显而易见的：除非是二者择一事件的传递，信息本身的传递是不可能的。如果只传递一个意外事件（译者注："0"或者"1"），那么，最有效的同时麻烦最少的就是根本不发消息。电报和电话只有在这样的情况下才能执行它们的功能，即它们传输的消息以这样的方式连续变化，不完全由消息的过去所决定；同时，只有当这些消息的变化符合某种统计规律，它们才能有效地设计。

为了涵盖通讯工程这一方面内容，我们必须开发信息量的统计理论，其中，单位信息量是在等同的可移动二择一方案间传输的单一决定（译者注：一个bit）。这个思想大约同时出现在几位作者的脑海中，其中有R.A.费希尔，贝尔电话实验室的香农博士，以及本书作者。费希尔研究这个课题的动机可以从经典统计理论中找到，香农的可以看信息编码问题，本书作者的请参照滤波器的信息和噪声问题。

10

附加说明一下，我在这个方向的某些推测依附于苏联柯尔莫科罗夫[1]的早期工作，虽然，我的相当一部分工作是在苏联学校的工作引起我的注意之前做的。

信息量的概念非常自然地依附于统计力学的一个经典概念：熵。正如一个系统的信息量是它组织的程度的一种衡量一样，一个系统的熵是它组织混乱程度的衡量；一个正是另一个的负数。这个观点引导我们关于热力学第二定律的一些考虑，并导致研究所谓的马克斯威魔鬼的可能性。这样的问题从酶和其他催化剂的研究中独立地产生出来，而它们的研究对于适当地理解基本生物现象例如新陈代谢和生殖是非常重要的。生命的第三基本现象，应激性，属于通讯理论范畴，归入我们已在讨论的那部分思想[2]。

这样，回到4年以前，在罗森布鲁斯博士和我周围这一群科学家已经知道，围绕着通讯、控制、以及统计力学那一整套问题，不管是机器还是活体的，都具有本质统一性。另一方面，关于这些问题的文献缺乏统一，任何公共的术语缺损或者甚至连一个该领域的名称都没有，这种情况严重地阻碍了我们。经过很多考虑，我们得出结论，目前所有的术语偏向性太重于一方或另一方应用，以至于不能为本领域的将来发展服务；因为这经常发生在科学家那里，我们被迫创造至少一个人造的新希腊文表达式来填补这个空隙。我们决定把整个控制和通讯理论的领域，不管在机器中还是在动物中，叫作控制论，这是我们从希腊文$\chi\upsilon\beta\epsilon\rho\nu\acute{\eta}\tau\eta s$或者steersman（舵手）创造的。在选择这个

1. A. N.柯尔莫科罗夫，《平稳随机序列的内插和外推》，Bull. Acad. Sci. U.S.S.R., Ser. Math. 5, 3-14 (1941)
2. 欧文·薛定谔，《生命是什么？》，Cambridge University Press，剑桥，英国，1945

术语时，我们希望承认第一篇重要的论述反馈机制的论文是一篇论述governor（调速器）的论文，是克拉克·麦克斯韦在1863年[1]发表的，[11] 而governor来自于 $\chi v\beta\epsilon\rho v\acute{\eta}\tau\eta s$ 的拉丁变体。我们也愿意指出这一事实：船的操舵引擎实在是反馈机制最早的、研发最好的形式之一。

虽然控制论这个名词最早只能溯源到1947年，我们会发现用来提及该领域发展的早期很方便。从大约1942年开始，这个课题的发展在几个前沿出发。首先，比奇洛、罗森布鲁斯和维纳联合论文的思想由罗森布鲁斯博士在一次会议上传播，这次会议1942年在纽约由乔西亚·梅西基金会主持，致力于神经系统的中心抑制问题。出席那次会议的人中有伊利诺伊大学医学院的沃伦·麦卡洛克博士，他已经与罗森布鲁斯博士及我取得联系，并对大脑皮层组织的研究感兴趣。

在这一时间点来了一个要素，它在控制论的历史上重复出现–数理逻辑的影响。假如我要从科学史上为控制论选一个守护神，我必须选莱布尼兹。莱布尼兹的哲学围绕两个密切相关的概念–普遍符号论及推理演算。今天的数学表示法及符号逻辑是从这些而降临世界的。正像算术演算帮助了一次机械化演进，通过算盘、桌面计算器到今天的高速计算机，同样，莱布尼兹的演算推理器包含了machina ratiocinatrix - 推理机 - 的胚芽。事实上，莱布尼兹本人，就像他的前任帕斯卡尔那样，对用金属构建计算机器感兴趣。因此，这绝对不令人惊讶：导致数理逻辑发展的同一个智力冲动，同时导致了思想过程的理想的或者实际的机械化。

---

1. J. C. 麦克斯韦，Proc. Roy. Soc.（伦敦），16, 270 - 283（1868）

　　我们能够跟随的数学证明是一个能够用有限数目符号写出来的。事实上，这些符号可能要求使用无穷记号，但是，这个要求是我们能够在一个有限数目的阶段中求和，就像在数学归纳法里那样，在那里我们依靠一个参数 n，当 $n = 0$ 时来证明一个定理，然后证明 $n + 1$ 的结论可以从 n 成立的假设推导出来，这样证明了定理对所有的正数 n 成立。此外，我们的推理机制的运算法则数目必须是有限的，尽管看起来好像不是这样，通过引用无限的概念，而这一概念本身可以以有限的条款来阐述。简言之，对于希尔伯特这样的唯名论者和对于魏尔这样的直觉主义者来说，现在都已经十分清楚，数理逻辑的发展受制于那些与限制一台计算机器的性能相同种类的制约。正如我们后面将看到的，甚至可以这样解释康托尔和罗素悖论。

　　我本人是罗素过去的学生，他的影响使我受益匪浅。香农博士在麻省理工学院将类的经典布尔代数技术应用于电工开关系统的研究，作为他的博士论文。图灵，也许是研究机器作为智力实验的逻辑可能性的第一人，在大战中作为一个电子工程师为英国政府服务，现在负责一个计划，这个计划已由特丁顿的国家物理实验室承担，用于开发现代计算机。

　　另一个从数理逻辑领域转移到控制论的年轻人是沃尔特·皮茨。他曾是芝加哥的卡尔纳普的学生，也和拉舍夫斯基教授和他的生物物理学院联系过。顺便说一句，这个小组做出了很大的贡献，把那些数学头脑的注意力引导到生物科学的可能性上来。虽然，我们有些人似乎觉得，他们被能量、势与经典物理方法的问题所过于支配，以至于在研究诸如远不能作为能量上闭合的神经系统时不能做出尽可能好的工作。

皮茨先生运气不错：他受了麦卡洛克的影响，他们俩很早就开始研究这样的问题，通过突触把神经纤维结合成具有给定的总的性质的系统。独立于香农，他们使用了数理逻辑的技术来讨论：在所有转换问题之后是什么？他们加入了一些在香农早期工作中不显著的元素，虽然他们明显受了图灵思想的启发：使用时间作为参数，考虑包含循环的网络，以及包含突触和其他延迟[1]。

1943年夏天，我遇见了波士顿医院的 J. 莱特文博士，他对神经机制的事情非常感兴趣。

13

他是皮特先生的密友，使我熟悉了他的工作[2]。他劝说皮特先生到波士顿来，认识了罗森布鲁思博士和我自己。我们欢迎他加入我们的小组。1943年秋天，皮茨先生来到麻省理工学院，与我一起工作，以便加强他研究控制论这门新科学的数学基础，当时这门科学已经诞生，但还没有命名。

那时，皮茨先生已经对数理逻辑和神经生理学彻底熟悉，但还没有机会与许多工程人员接触。特别是，他对香农博士的工作并不熟悉，对电子技术的可能性也没有太多的经验。当我向他展示现代真空管的例子，并向他解释说，这些是在金属中实现他的神经回路和系统等

---

1. A. M. 图灵，《论可计算的数字，用于决策问题》，Proceedings of the London Mathematical Society, Ser. 2, 42, 230-265 (1936)
2. V. S.McCulloch 和 W. Pitts，《神经活动中内在思想的逻辑演算》，Bull. Math. Biophya, 5, 151-133 (1943)。

效物的理想方法时，他非常感兴趣。从那时起，我们就清楚地认识到，依赖于连续开关器件的超高速计算机一定代表神经系统中出现的问题的一个几乎理想的模型。神经元放电的"全有或无"特征，完全类似于在二进制里确定一个数字时所作的单一选择，我们中不止一个人已经将其视为计算机设计的最令人满意的基础。突触只不过是一种机制，用来决定其他选定元素的某种输出组合是否会对下一个元素的放电起到足够的刺激作用，而且一定能在计算机中找到一样的东西。解释动物记忆的性质和种类的问题与为机器构建人工记忆的问题，两者是相似的。

　　在这个时候，计算机的建造被证明比布什博士的第一个意见对于战争更为重要，而且在几个中心的进展与我先前的报告所指出的没有太大不同。哈佛大学、阿伯丁试验场和宾夕法尼亚大学已经在建造计算机器，普林斯顿高级研究所和麻省理工学院也很快进入了这一领域。
14 在这个项目中，从机械装配到电气装配，从十进制到二进制从机械继电器到电气继电器，从人工操作到自动操作，有一个渐进的过程；简而言之，每台新机器都比上一台更符合我发给布什博士的备忘录。对这些领域感兴趣的人来来往往。我们有机会将我们的想法传达给我们的同事，特别是哈佛大学的艾肯博士、高级研究所的冯·诺依曼博士以及宾夕法尼亚大学Eniac[1]和Edvac[2]机器的戈尔斯丁博士。我们到处都能听到同情的声音，工程师们的词汇很快就被神经生理学和心理学

1. ENIAC是Electronic Numerical Integrator and Automatic Calculator的缩写，即电子数字积分器及自动计算器。这是美国第一架电子计算机，战争期间由费城的宾夕法尼亚大学为美军军械局制造。1946年2月作了第一次公开表演，以后由亚伯丁试射场的弹道实验室使用。——俄译注
2. EDVAC是Electronic Discrete Variable Automatic Computer的缩写，即离散变量的电子自动计算机。这是宾夕法尼亚大学建造的第二架电子计算机，是亚伯丁试射场的弹道实验室预订的。——俄译注

家的术语所"污染"。

在事情发展的这个阶段，冯·诺依曼博士和我自己感到，需要召开一次所有对我们现在称之为控制论感兴趣的人的联席会议，这次会议于1943-1944年冬在普林斯顿举行。工程师、生理学家和数学家都派代表出席了会议。罗森布鲁斯博士不可能在我们中间，因为他刚刚接受邀请，担任墨西哥国家心脏病研究所生理学实验室的主任，但洛克菲勒研究所的麦卡洛克博士和洛伦特·德诺博士代表了生理学家。艾肯博士未能出席会议；然而，戈尔茨丁博士是参加会议的几位计算机设计师中的一位，而冯·诺依曼博士、皮特先生和我本人则是数学家。生理学家们从他们的观点对控制论问题进行了联合阐述；同样，计算机设计者也提出了他们的方法和目标。在会议结束时，大家都清楚地看到，不同领域的工作者之间有着实质性的共同思想基础，每个群体中的人都可以使用其他人已经更好地发展起来的概念，并且应该作出一些努力，以建立共同的词汇。

在此之前相当长的一段时间，沃伦·韦弗博士领导的战争研究小组发表了一份文件，最初是秘密的，后来是限制性的，内容涉及毕格罗先生和我自己关于预测和滤波器的工作。结果发现，防空火力的条件并不能证明设计用于曲线预报的特殊装置是合理的，但发现其原理是合理和实用的，并已被政府用于平滑目的以及若干相关领域。特别地，变分法问题本身简化成的积分方程的类型已经在波导问题和许 15 多其他应用数学感兴趣的问题中显示出来。因此，战争结束时，预测理论和通信工程统计方法的思想已经为美国和英国的一大部分统计学家和通信工程师所熟悉。我的政府文件现在已经绝版了，这些文件以及莱文森[1]、沃尔曼、丹尼尔、菲利普斯和其他人写的大量的解释性文件，填补了空白。几年来，我自己也写了一篇很长的数学解释性论文，将我所做的工作永久记录在案，但由于情况不完全在我的控制之下，这篇论文无法迅速发表。最后，美国数学学会和数理统计研究所于1947年春季在纽约举行联席会议，专门从与控制论密切相关的角度研究随机过程之后，我把我已经写好的手稿交给了伊利诺伊大学的杜布教授，他将根据他的笔记和他的想法作为美国数学学会数学调查系列的一本书来编写。1945年夏天，我在麻省理工学院数学系的一门课程中已经完成了部分工作。从那以后，我的老学生和合作者[2]，李郁荣博士，从中国回来了。1947年秋天，他在麻省理工学院电气工程系开了一门关于滤波器和类似仪器设计的新方法的课程，并计划把这些讲座的内容写成一本书。同时，绝版的政府文件也要重新印刷[3]。

正如我所说过的，罗森布鲁思博士大约在1944年初回到墨西哥。1945年春，我收到墨西哥数学协会的邀请，参加了6月在瓜达拉哈拉举行的一次会议。在我已经谈到的曼努埃尔·桑多瓦尔·瓦拉塔博士的领导下的科学研究委员会参与了这一邀请。罗森布鲁思博士邀请我与他分享一些科学研究，国家心脏病研究所在其主任伊格纳西奥·查韦斯博士的领导下热情款待了我。

16　　我那时在墨西哥呆了大约十周。

1. N. 莱文森，J. Math. and Physics，25，261-278；26，110-119（1947）.
2. Y.W. 李，J. Math. and Physics，11，261-278（1932）.
3. 诺伯特·维纳，《平稳时间序列的外推、插值和平滑》，技术出版社和威利出版社，纽约，1949年.

　　罗森布鲁思博士和我决定继续我们已经讨论过的一系列工作，沃尔特·B.坎农博士也和罗森布鲁思博士在一起，这次访问不幸被证明是他的最后一次访问。这项研究一方面与癫痫的强直性、阵挛性和时相性收缩有关，另一方面与心脏的强直性痉挛、搏动和颤动有关。我们认为，心肌是一种易激惹的组织，与神经组织一样有助于研究传导机制，此外，心肌纤维的吻合和交叉给我们带来了比神经突触问题更简单的现象。我们还深深感谢查韦斯博士的盛情款待，虽然研究所的政策从来没有限制罗森布鲁斯博士对心脏进行研究，但我们感谢有机会为其主要目的作出贡献。

　　我们的研究分为两个方向：二维或二维以上均匀导电介质中的电导和延迟现象的研究和随机导电纤维网的导电特性的统计研究。这里的第一个引导我们找到了心悸理论的雏形，第二个引导我们找到了对纤颤的某种可能的理解。这两项工作都是在我们发表的一篇论文[1]中展开的，尽管在这两个案例中，我们的早期结果都表明需要大量的修改和补充，但麻省理工学院的奥利弗·G.赛尔弗里奇先生正在修改关于颤振的工作，而目前约翰·西蒙·古根海姆基金会的研究员沃尔特·皮茨先生将心肌网研究中使用的统计技术扩展到神经网络的治疗。这项实验工作是由罗森布鲁思博士在墨西哥国家医学院和墨西哥陆军医学院的F.加西亚·拉莫斯博士的帮助下进行的。

　　在墨西哥数学学会瓜达拉哈拉会议上，我和罗森布鲁思博士介绍了我们的一些研究结果。我们已经得出结论，我们早先的合作计划已

---

1. 诺伯特·维纳和阿图罗·罗森布鲁斯，《在连接的易激元网络中，特别是心肌中脉冲传导问题的数学阐述》，Arch. Inst. Cardiol. Mex.，16, 205-265（1946）.

经证明是可行的。我们很幸运有机会向更多的观众展示我们的成果。1946年春，麦卡洛克博士与约西亚·梅西基金会就在纽约举行的一系17 列会议中的第一次会议作出了安排，专门讨论反馈问题。

　　这些会议以传统的梅西方式进行，由弗兰克·弗里蒙特·史密斯博士以基金会的名义组织，他最有效率地完成了这些会议。会议的想法是召集一个规模适中、人数不超过20人的各相关领域的工作人员，并让他们连续两整天在一系列的非正式文件阅读、讨论和聚餐中聚在一起，直到他们有机会消除分歧，在相同的思路上取得进展。我们会议的核心是1944年在普林斯顿召集的小组，但麦卡洛克博士和弗雷蒙特·史密斯博士正确地看到了这一主题的心理学和社会学含义，并选择了一些著名的心理学家、社会学家和人类学家加入这个小组。从一开始就很明显需要包括心理学家，研究神经系统的人不能忘记头脑，研究头脑的人也不能忘记神经系统。过去的许多心理学其实被证明不过是特殊感觉器官的生理学；控制论引入心理学的思想体系的全部重量，涉及到与这些特殊感觉器官相连的、高度专业化的、皮层区域的生理学和解剖学。从一开始，我们就预料到格式塔[1]的知觉问题，或普遍性的知觉形成问题，将被证明是这种性质的。是什么机制使我们把一个正方形认作一个正方形，而不考虑它的位置、大小和方向？为了在这些问题上帮助我们，并告诉他们，我们的概念对他们的帮助可能有什么用处，我们有芝加哥大学的克莱弗教授、已故的麻省理工学院的库尔特·勒温博士和纽约的 M. 爱立信博士等心理学家。

1.格式塔，完形（即有别于其内部个体单位、作为单一体系的一系列思想、经验等）。——译者注

就社会学和人类学而言，很明显，信息和交流作为组织机制的重要性超越了个人，进入社区。一方面，如果没有对蚂蚁的交流方式进行彻底的调查，我们完全不可能了解蚂蚁这样的社会群体，我们很幸运在这方面得到了施奈拉博士的帮助。对于人类组织的类似问题，我们向人类学家贝特森和玛格丽特·米德博士寻求帮助；而高等研究所的摩根斯坦博士是我们在社会组织这一属于经济理论的重要领域的顾问。顺便说一句，他与冯·诺依曼博士合著的一本非常重要的关于游戏的书，从与控制论主题密切相关但又不同的方法的角度，代表了 18 对社会组织最有趣的研究。列温博士和其他人代表了意见抽样理论和意见制定实践的新工作，F.C.S.诺斯鲁普博士对分析我们工作的哲学意义很感兴趣。

这并不是我们小组的完整名单。我们还扩大了团队，包括更多的工程师和数学家，如毕格罗和萨维奇，更多的神经解剖学家和神经生理学家，如冯·博宁和劳埃德，等等。我们的第一次会议是在1946年春天举行的，主要是讨论普林斯顿会议上在座的我们这些人的教学式的论文，以及在座的所有人对该领域重要性的总体评估。会议的感觉是，控制论背后的思想对出席会议的人来说是非常重要和有趣的，值得我们每隔六个月继续举行一次会议；在下一次全体会议之前，我们应该开一个小型会议，帮助那些数学训练较少的人，用尽可能简单的语言向他们解释所涉及的数学概念的性质。

1946年夏天，在洛克菲勒基金会的支持和国家心脏病研究所的热情款待下，我回到墨西哥，继续与罗森布鲁斯博士合作。这一次，我们决定直接从反馈的课题中找出一个麻烦的问题，并通过实验来看看我们能做些什么。我们选择猫作为实验动物，以股四头肌伸肌作为肌肉进行研究。我们切断肌肉的附件，在已知张力下将其固定在杠杆上，并记录其等距或等速收缩。我们还用示波器记录了肌肉自身瞬时发生的电变化。我们主要研究猫，先是在乙醚麻醉下切除脑，后来通过切断脊髓的胸段来做脊髓。在许多情况下，士的宁被用来增加反射反应。肌肉被加力到一个程度，在这时轻敲会使它进入一个周期性的收缩模式，这用生理学家的语言被称为阵挛。我们观察了这种收缩模式，注意猫的生理状况、肌肉上的负荷、振荡频率、振荡的基本水平及其振幅。我们就像分析一个机械或电气系统表现出相同的搜索模式那样，对这些我们尝试了分析。例如，我们采用了麦克柯尔关于伺服机构的书中的方法。这里不是讨论我们的结果的全部意义的地方，我们现在正在重复并准备写出来发表。然而，以下陈述要么是确定的，要么是很可以移植的：阵挛振荡的频率对载荷条件的变化的敏感性比我们预期的要低得多，它更接近于由闭合弧（传出神经）-肌肉-（运动终体）-（传入神经）-（中枢突触）-（传出神经）的常数决定，而不是由任何其他因素决定。如果我们把传出神经每秒传输的脉冲数作为线性的基础，这个电路甚至不是线性算子电路，但是如果我们用对数代替脉冲数，这个电路似乎更接近线性算子电路。这对应这样一个事实，即输出神经的刺激的包络形式不是近似正弦曲线，但是这曲线的对数更接近正弦曲线；而在具有恒定能级的线性振荡系统中，除了一组零概率的情况外，刺激曲线的形式在所有情况下都必须是正弦曲线。同样，促进和抑制的概念在性质上更接近于乘法而不是加法。例如，完全抑制意味着乘以零，部分抑制意味着乘以一个小的数。正是这些抑制和促进的概念在反射弧的讨论中得到了应用[1]。此外，突触是一个重合记录器，只有当传入脉冲的数目在一个小的计数时间内超过一定的阈值时，传出纤维才会受到刺激。如果这个阈值与全部传入突触的数目相比足够低，那么突触机制就起到了倍增概率的作用，而且它甚至可以是一个近似线性的连接，这件事只有在对数系统中才有可能。这种突触机制的近似对数性肯定与感觉强度的韦伯-费希纳定律的近似对数性是一致的，尽管这一定律只是一个第一近似。

最引人注目的一点是，在这个对数的基础上，有了单脉冲通过神经肌肉弧的各个元素传导获得的数据，我们能够获得非常公平的近似于阵挛振动的实际周期，使用伺服工程师已经开发的技术，来确定已经崩溃的反馈系统中的长周期纵向振荡频率。我们获得了大约每秒13.9次的理论振荡，在一些案例中，观测到的振荡频率在7到30之间[20]变化，但通常保持在12到17之间变化的范围。在这种情况下，一致性非常好。

阵挛的频率并不是我们可以观察到的唯一重要现象：基底张力的变化也相对缓慢，振幅的变化更慢。这些现象当然不是线性的。然而，线性振荡系统常数中足够慢的变化可按照一级近似来处理，就好像它们是无限慢的，就好像在振荡的每一部分上，系统的表现就像它的参数是当时属于它的一样。这是物理学其他分支中称为长期微扰的方法。它可用于研究阵挛的基础水平和幅度问题。虽然这项工作尚未完成，但很明显，它既可行，又有希望。有一种强烈的观点认为，虽然阵挛

---

1. 见墨西哥国家心脏病研究所关于阵挛的未发表文章。

的主弧的定时证明它是一个两个神经元的弧，但这个弧中脉冲的放大在一个或多个点上是可变的，而且这种放大的某些部分可能会受到缓慢的、多神经元过程的影响，这些过程在中枢神经系统中的运行要比主要负责阵挛定时的脊髓链高得多。这种可变放大可能受中枢活动的总体水平、士的宁或麻醉剂的使用、去脑以及许多其他原因的影响。

这些是罗森布鲁斯博士和我在1946年秋季举行的梅西会议上以及同时举行的纽约科学院会议上提出的主要结果，该会议的目的是在更广泛的公众中传播控制论的概念。虽然我们对我们的研究结果感到满意，并且完全相信这方面工作的普遍实用性，但我们感觉到我们合作的时间太短，我们的工作是在太大的压力下完成的，不敢希望不需要进一步的实验验证就可以发表。这一验证——自然可能导致反驳——我们现在寻求在1947年夏秋进行。

洛克菲勒基金会已经给了罗森布鲁斯博士一笔拨款，用于在国家心脏病研究所建造一座新的实验室。我们觉得现在时机已经成熟，我们可以联合去找他们，也就是说，找负责物理科学系的沃伦·韦弗博

21　士，找负责医学系的诺伯特·莫里森博士，为长期的科学合作奠定基础，以便更从容、更健康地开展我们的项目。在这方面，我们得到了我们各自机构的热情支持。在这些谈判中，理学院院长乔治·哈里森博士是麻省理工学院的首席代表，而伊格纳西奥·查韦斯博士则代表他的机构国家心脏病研究所发言。在谈判过程中，很明显，联合活动的实验室中心应该设在研究所，这既是为了避免实验室设备的重复，也是为了促进洛克菲勒基金会对在拉丁美洲建立科学中心的真正兴

趣。最终通过的计划是五年，在这期间，我应该每隔一年在研究所呆六个月，而罗森布鲁思博士则在研究所呆六个月。研究所的时间将用于获得和阐明与控制论有关的实验数据，虽然中间的几年将致力于更多的理论研究，最重要的是，致力于解决一个非常困难的问题，即为希望进入这一新领域的人设计一个培训方案，使他们既有必要的数学、物理和工程背景，又有适当的生物学知识，心理学和医学技术。

在1947年春天，麦卡洛克博士和皮茨先生做了一件相当重要的控制论工作。麦卡洛克博士被赋予了一项任务，那就是设计一种能让盲人用耳朵阅读印刷品的仪器。通过光电池的作用按类型产生不同的音调是一个古老的故事了，可以通过许多方法来实现；难点是在字母的模式给定时，无论字母的大小，使声音的模式基本上相同。这是一个非常类似于形式知觉的问题，格式塔的问题，它允许我们通过大量的大小和方向的变化来识别一个正方形。麦卡洛克博士的装置涉及到一组不同放大倍数的字体的选择性读取。这种选择性读取可以作为扫描过程自动执行。我在梅西会议上已经提出了一种扫描装置，可以将一个图形与一个给定的固定的但不同大小的标准图形相比较。冯·博宁博士注意到了一张进行选择性阅读的仪器的图，他立即问道："这是大脑视觉皮层第四层的图表吗？"麦卡洛克博士在皮茨先生的帮助下，根据这个建议，产生了一种理论，将视觉皮层的解剖学和生理学[22]联系起来，在这个理论中，扫描一系列转换的操作起着重要的作用。这是在1947年春天，梅西会议和纽约科学院会议上提出的。最后，这个扫描过程涉及到某一个周期时间，这与我们在普通电视中所说的"扫描时间"相对应。关于这一连续突触链的、围绕一个周期运行所必需的时间长度，有各种各样的解剖学线索。这些产生了一个十分之一秒量级的时间来完成一个完整的操作周期，这就是所谓的大脑"阿尔法节奏"的大致周期。最后，阿尔法节奏，在相当多的其他证据上，已经被推测具有视觉起源，并且在形式知觉的过程中很重要。

　　1947年春天，我收到邀请，参加在南希举行的一次数学会议，讨论谐波分析引起的问题。我接受了邀请，在往返的旅途中，我在英国呆了整整三个星期，主要是作为我的老朋友霍尔丹教授的客人。我有一个极好的机会会见了大多数从事超高速计算机工作的人，特别是在曼彻斯特和特丁顿国家物理实验室，最重要的是与特丁顿的图灵先生讨论了控制论的基本思想。我还参观了剑桥大学的心理实验室，并有一个很好的机会讨论了F.C.巴特利特教授和他的工作人员在涉及人的因素的控制过程中所做的工作。我发现在英国，人们对控制论的兴趣和在美国一样大，一样知识充分，工程方面的工作也很出色，当然也受到资金较少的限制。我发现许多方面都对它的可能性很感兴趣和理解，霍尔丹教授、H. 利维教授和伯纳尔教授当然认为它是科学和科学哲学议程上最紧迫的问题之一。然而，我发现，在统一这一课题以及将各种研究线索联系在一起方面，没有取得与美国国内取得的一样的进展。

　　在法国，在南希举行的谐波分析会议发表了许多论文，它们以完全符合控制论观点的方式，将统计思想和通信工程的思想结合起来。
23 这里我必须特别提到布兰克·拉皮埃尔先生和勒夫先生的名字。我发现数学家、生理学家和物理化学家对这门学科也有相当大的兴趣，特别是在热力学方面，因为他们涉及到生命本身的更普遍的问题。事实上，在我离开之前，我曾在波士顿与匈牙利生物化学家圣·乔吉教授讨论过这个问题，并发现他的观点与我的一致。

我在法国访问期间的一件事特别值得注意。我的同事，麻省理工学院的G.德桑蒂利亚纳教授把我介绍给了赫尔曼（Hermann et Cie）公司的M.弗雷曼，他向我要了现在这本书。我特别高兴收到他的邀请，因为弗雷曼先生是墨西哥人，本书的写作，以及大量的研究都是在墨西哥完成的。

正如我已经暗示的，梅西会议的思想领域提出的一个工作方向涉及社会系统中沟通的概念和技术的重要性。诚然，社会系统和个人一样是一个组织，它是由一个交流系统绑在一起的，它具有一种动态性，在这种动态性中，反馈性质的循环过程起着重要的作用。无论是在人类学和社会学的一般领域，还是在更具体的经济学领域，这都是正确的；我们已经提到的，冯·诺依曼和摩根斯坦关于博弈论的非常重要的工作就进入了这一思想范围。在此基础上，格雷戈里·贝特森博士和玛格丽特·米德博士敦促我，鉴于当今混乱时代社会学和经济问题的紧迫性，将我的一大部分精力用于讨论控制论的这一方面。

我非常同情他们对形势的紧迫感，也非常希望他们和其他有能力的工作者能够处理这类问题，这类问题我将在本书后面的一章中讨论，但我不能认同他们的看法：这一领域应该首先引起我的注意，也不能认同他们的希望在这方面取得足够的进展，从而对目前的社会疾病产生可观的治疗效果。首先，影响社会的主要的量不仅是统计的，而且它们所依据的统计过程过于短。把贝塞默法引进前后钢铁工业的经济统统归为一类，以及比较马来亚汽车工业和橡胶树种植发展前后的橡

24 胶产量统计数字，是没有多大用处的。

　　将性病发病率的统计数据放在一张单一的表中也没有任何重要意义，该表涵盖了使用撒尔佛散[1]之前和之后的时期，除非是为了研究这种药物的有效性。对于一个好的社会统计，我们需要在基本不变的条件下进行长时间的运行，就像为了良好的光分辨率，我们需要一个大孔径的透镜。透镜的有效孔径不会通过增大其标称孔径而明显增大，除非透镜是由均匀的材料制成的，使得透镜不同部分的光延迟符合适当的设计量，达到小于波长的一小部分。同样，在宽变条件下进行长期统计的好处也是似是而非的。因此，对于一种新的数学技术来说，人文科学是非常差的试验场：就像一种气体的统计力学对于一个分子尺度的生物一样差，而对于一个分子来说，我们从更大的角度忽略的起伏却恰恰是最感兴趣的问题。此外，在缺乏合理安全的常规数值技术的情况下，专家在确定社会学、人类学和经济量的估计时，其判断的因素是如此之大，以至于对于一个还没有足够经验的新手来说，这不是适合他的一个领域。我可以插一句话，小样本理论的现代工具，一旦它超越了它自己特别定义的参数的确定，成为在新的情况下进行积极统计推断的方法，除非统计学家明确地知道或隐含地感受到形势动态的主要因素，否则它不会给我任何信心。

　　我刚刚谈到了一个领域，在这个领域中，我对控制论的期望肯定会受到，对我们可能希望获得的数据的局限性的理解的影响。在另外两个领域，我最终希望借助控制论的思想来完成一些实际的事情，但

1.梅毒特效药 —— 译者注

在这两个领域，这种希望必须等待进一步的发展。其中之一就是为失去的或瘫痪的肢体提供假肢。正如我们在对格式塔的讨论中所看到的那样，麦卡洛克已经将传播工程的思想应用到替换失去的感官的问题上，构建了一种能够让盲人通过听觉来阅读印刷品的工具。在这里，麦卡洛克建议的仪器相当明确地接管了一些功能，不仅是眼睛，而且是视觉皮层。

25

　　在假肢的情况下，显然有可能做类似的事情。肢体某一节段的缺失不仅意味着缺失节段的单纯被动支持的丧失或其作为残端的机械延伸的价值的丧失，以及其肌肉收缩力的丧失，还意味着由此产生的所有皮肤和动觉的丧失。前两项损失正是假肢制造商目前试图弥补取代的。第三个问题到目前为止已经超出了他的范围。在简单假腿的情况下，这一点并不重要：替代缺失肢体的假肢杆本身没有自由度，残肢的动觉机制完全足以报告其自身的位置和速度。患者借助其剩余的肌肉组织向前抛出的具有活动膝盖和脚踝的铰接式肢体，情况并非如此。他对他们的位置和动作没有得到充分的报告，这妨碍了他在不规则地形上踏步的把握。为人工关节和人工脚底配备应变计或压力计似乎没有任何无法克服的困难，这些应变计或压力计将通过电或其他方式（例如通过振动器）在完整的皮肤区域进行记录。目前的假肢消除了截肢造成的部分瘫痪，但留下了共济失调。通过使用适当的受体，这种共济失调的大部分也应该消失，患者应该能够学习反射，比如我们在开车时使用的反射，这应该使他能够以更自信的步态走出来。我们所说的关于腿的情况应该以更大的力度适用于手臂，所有神经学书籍的读者都熟悉的人体模型图表明，仅拇指截肢的感觉损失就远远大于髋关节截肢的感觉损失。

　　我曾试图向有关当局报告这些考虑，但到目前为止，我未能取得多大成就。我不知道同样的想法是否已经从其他渠道产生，也不知道它们是否经过试验，发现在技术上不可行。如果它们还没有得到一个彻底的实际考虑，它们在不久的将来应该得到一个。

　　现在让我谈谈我认为值得注意的另一点。我早就清楚地认识到，现代超高速计算机原则上是自动控制装置的理想中枢神经系统；它的输入和输出不必是数字或图表的形式，而很可能分别是人工感觉器官的读数，如光电池或温度计，和电动机或螺线管的动作。借助于应变计或类似机构来读取这些马达器官的动作，并向中央控制系统报告、"反馈"，作为一种人工动觉，我们已经能够制造出性能几乎达到任何程度的人造机器。早在长崎和公众意识到原子弹之前，我就意识到，我们在这里存在着另一种社会潜力，这种潜力对善恶都具有闻所未闻的重要性。自动化工厂和没有人的装配线只在我们前面这么远，这个距离只限于我们愿意在其工程上投入多大的努力，例如，在第二次世界大战中在雷达技术的发展上所花费的努力[1]。

　　我说过，这种新的发展对善和恶都有无限的可能。一方面，它使机器的隐喻主导地位，如塞缪尔·巴特勒[2]所设想的，成为一个最直接和非隐喻的问题。它给人类提供了一个新的、最有效的机械奴隶的集合来完成它的劳动。这种机械劳动具有奴隶劳动的大部分经济属性，尽管与奴隶劳动不同，它不涉及人类残酷行为的直接道德败坏作用，

1.《财富》杂志第32期，第139-147页（10月）；第163-169页（1945年11月）。
2. 19世纪英国作家，《Erewhon》与《Erewhon Revisited》两书的作者。巴特勒在他的书中描写了一个虚构的"爱理翁"国家，因为机器害多于利而废除了机器。——俄译注

但是，任何接受与奴隶劳动竞争条件的劳动都接受奴隶劳动的条件，这种劳动本质上是奴隶劳动。这句话的关键词是竞争。对人类来说，让机器从自己身上去除卑微和不愉快的任务是一件很好的事情，也可能不是。我不知道。这些新的潜力不能用市场来评估，也不能用它们所省的钱来评估；而恰恰是公开市场的条件，即"第五自由"，已经成为美国全国制造商协会和《星期六晚报》所代表的美国舆论界的陈词滥调。我说的是美国人的意见，因为作为一个美国人，我最清楚这一点，但那些推销员们不分国界。

如果我说第一次工业革命，即"黑暗恶魔工厂"的革命，是机器的竞争使人的手臂贬值，或许我可以澄清这种现状的历史背景。在美国，没有哪一个苦役劳工的够低的时薪水平能与蒸汽铲作为挖掘机的工作相媲美。现代工业革命同样必然会贬低人脑的价值，至少在更简单、更常规的决策方面是如此。当然，正如熟练的木匠、熟练的机械师、熟练的裁缝在某种程度上在第一次工业革命中幸存下来一样，熟练的科学家和熟练的管理者也可能在第二次工业革命中幸存下来。然而，假设第二次革命已经完成了，那么对于一般或一般以下造诣的人，他们会变得不值得任何人花钱买的地步。

当然，答案是建立一个基于人类价值而不是买与卖的社会。为了达到这个社会，我们需要作大量的计划和很多斗争，如果至善至美，斗争可能会在思想的境界上，否则 —— 哪谁知道呢？因此，我觉得我有责任将我的信息和对状态的理解传达给那些对劳动的状况和未来有积极兴趣的人，即工人工会。我确实曾设法与劳联产联中的一两个高层取得了联系，从他们那里我接受了明智的富有同情心的听证。但我和他们中的任何人都不能进一步深入。他们认为，正如我以前在美国和英国的观察和了解一样，工会和劳工运动掌握在一个非常有限的专业人员班子手中，他们在商店管理的专门问题以及有关工资和工作条件的争端方面受过充分的训练，但是在进入更大的政治、技术、社会学和经济、涉及到劳动的生存的问题上，完全没有准备。究其原因，很容易看出：工会官员一般都是从工人的艰苦生活转变为管理者的严苛生活的，没有任何机会接受更广泛的培训；而对那些受过这种培训的人来说，工会职业一般没有吸引力；也很自然地，工会也不乐于接受这样的人。

因此，我们这些对控制论新科学做出贡献的人，站在一个，至少可以说，不是很舒服的道德立场上。我们为开创一门新的科学作出了贡献，正如我所说的，这门科学包含了具有善与恶的巨大可能性的技术发展。我们只能把它交给我们周围的世界，而这就是贝尔森（集中营）和广岛的世界。我们甚至没有压制这些新的技术发展的选择。他们属于这个时代，而我们任何人通过这种压制所能做的，就是把这个课题的发展交到我们最不负责任、最贪得无厌的工程师手中。我们所能做的就是使广大公众了解当前工作的趋势和影响，并将我们的个人努力局限于那些离战争和剥削最远的领域，例如生理学和心理学。正如我们所看到的那样，有些人希望，这一新的工作领域所提供的，对人和社会的更好理解所带来的益处，可能会预期并超过我们对权力集中所作的附带贡献（权力总是以其存在条件为基础，集中在最肆无忌惮的人手中）。我在1947年写下这些，我不得不说，这是一个非常微小的希望。

作者谨向沃尔特·皮特先生、奥利弗·塞尔弗里奇先生、乔治·杜贝先生和弗雷德里克·韦伯斯特先生表示感谢，感谢他们为修改手稿和准备出版材料提供了帮助。 ²⁹

第1章
牛顿与伯格森时代

有一首每个德国儿童都熟悉的小赞美诗或歌，它是这样的：

> 你知道有多少个小星星
> 在蓝色的苍穹上？
> 你知道在全地上有多少云彩散开吗？
> 耶和华神数点他们，使他在众人中不缺一人。

> W. 海伊

在英语中这样说："你知道有多少星星站在天空的蓝色帐篷里吗？你知道世界上有多少云彩飘过？主耶和华已经数点它们，叫它们中间一个也不缺。"

对于哲学家和科学史学家来说，这首小歌有一个有趣的主题，因为它把两门科学并排放在一起，这两门科学有一个相似之处，那就是关于我们头顶的天空，但在几乎所有其他方面都极端地不同。天文学是最古老的科学，而气象学则是最年轻的一门学科。人们更熟悉的天文现象可以预测好几个世纪，而准确预报明天的天气通常并不容易，在许多地方确实非常粗糙。

回到这首诗，第一个问题的答案是，在一定的限制下，我们确实知道有多少星星。首先，除了一些双星和变星的次要的不确定性外，一颗恒星是一个确定的物体，非常适合计数和编目；如果一个人类的恒星"目录"——我们这样称呼这些编目——不收录强度小于某个量级的恒星，那么对于我们来说，一个神的恒星"目录"收录更远的恒星想法就没有什么太令人反感的了。 30

另一方面，如果你让气象学家给你一个类似的云的"目录"，他可能会当着你的面笑，或者他可能会耐心地解释说，在所有气象学语言中没有云这样的东西，被定义为具有准永久标记的物体；如果有的话，他既没有手段计数，事实上也没有兴趣计数。一个喜欢拓扑学的气象学家也许可以把云定义为一个相连的空间区域，其中固态或液态的水分含量的密度超过一定量，但这个定义对任何人来说都没有丝毫价值，最多只能代表一种极为过渡的状态。真正让气象学家关心的是一些统计叙述，比如"波士顿：1950年1月17日：天空38％阴天：卷云"。

当然，天文学中有一个分支研究所谓的宇宙气象学：研究星系、星云和星团及其统计数据，例如钱德拉塞卡所研究的，但这是一个非常年轻的天文学分支，比气象学本身还年轻，是古典天文学传统之外的东西。这个传统，除了它纯粹的分类"目录"方面，最初是关注太阳系而不是固定恒星的世界。太阳系的天文学主要与哥白尼、开普勒、伽利略和牛顿的名字联系在一起，是现代物理学的奶妈。

　　这确实是一门理想的简单科学。甚至在任何合乎需要的动力学理论存在之前，甚至早在巴比伦人时期，人们就认识到日食是以有规律的可预测周期发生的。随着时间的推移，日食会前后延伸。人们认识到，用恒星在其轨道上的运动来衡量时间本身比用任何其他方法都要好。太阳系中所有事件的模式都是一个轮子或一系列轮子的旋转，无论是托勒密的本轮理论还是哥白尼的轨道理论，在任何这样的理论中，未来都是以一种方式重复过去。球体的音乐是回文[1]：天文学的书读起来朝前与向后是一致的。除了最初的位置和方向外，一个向前转动的太阳分仪的运动和一个向后转动的没有区别。最后，当牛顿把这一切简化为一组正式的假设和一个封闭的力学时，这个力学的基本定律并没有因为时间变量 t 变成它的负值而改变。

　　因此，如果我们要拍摄一张行星的动态照片，加快速度以显示一幅可感知的活动图片，并将电影倒过来播放，那么它仍然可能是一张符合牛顿力学的行星图片。另一方面，如果我们拍一张雷暴云层湍流的动态照片，并将其反放，那看起来就完全错了，我们会看到下降气流在我们预期上升气流的地方，湍流在纹理上变得粗糙，闪电通常在云的变化之前而不是跟随它，等等。

　　造成这些差异的天文学和气象学的情况之间有什么区别，特别是天文时间的表观可逆性和气象时间的表观不可逆性之间的区别？首先，气象系统是一个包含大量近似相等的粒子的系统，其中一些粒子彼此之间的耦合非常紧密，而太阳宇宙的天文系统只包含相对较少的粒子，

---

1. palindrome 回文，指词和句子当把它们从后往前读时，仍保持原义的词。例如：civic, radar, level。——译者注

粒子的大小差异很大，彼此之间的耦合非常松散以致二阶耦合效应并没有改变我们观察到的图像的一般方面，而非常高阶的耦合效应是完全可以忽略的。行星运动的条件比我们在实验室里所能做的任何物理实验都更适合于孤立某一组有限的力。与它们之间的距离相比，行星，甚至太阳，都非常接近一些点。与行星所遭受的弹性和塑性变形相比，它们或者非常接近刚体，或者在它们不是刚体的情况下，就其中心的相对运动而言，它们的内力无论如何都是相对不重要的。它们运动的空间几乎完全不存在阻碍物质；在它们的相互吸引中，它们的质量可以被认为是非常接近于位于它们的中心并且是恒定不变的。万有引力定律与平方反比定律的偏离极小。太阳系天体的位置、速度和质量在任何时候都是众所周知的，对它们未来和过去位置的计算，虽然细节上不容易，但原则上是简单而精确的。另一方面，在气象学中，有关粒子的数量是如此巨大，以致于完全不可能准确地记录它们的初始位置和速度；如果真的做了这个记录，并计算了它们未来的位置和速度，那么我们应该只有一大堆无法穿透的数字，而且在这些数字对我们有用之前需要一个根本的重新解释。术语"云"、"温度"、"湍流"等都不是指单个物理情况，而是指仅实现一个可能情况的分布，在这些可能情况中只有一个是实现的。如果同时读取地球上所有气象站的所有读数，它们将无法提供从牛顿角度描述大气实际状态所需的十亿分之一的数据。它们只会给出与无限多个不同大气相一致的某些常数，并且至多加上某些先验假设，能够以概率分布的形式给出一组可能大气的度量。利用牛顿定律，或者任何其他因果定律系统，我们所能预测的只是系统常数的概率分布，甚至这种可预测性也会随着时间的增加而消失。

　　然而，即使在时间完全可逆的牛顿体系中，概率和预测的问题也会导致过去和未来的答案不对称，因为它们所回答的问题是不对称的。如果我建立一个物理实验，我这样把我正在考虑的系统从过去带到现在：我固定了某些量，并且可以合理地假设我已经知道某些其他量的统计分布。然后我观察一个给定时间后结果的统计分布。这不是一个我可以逆转的过程。为了做到这一点，有必要挑一个合理的系统分布，在没有我们的干预下，在一定的统计限制内会过渡到，并找到给定的时间前的那个先决条件。然而，对于一个系统来说，从一个未知的位置开始，到结束于任何一个严格定义的统计范围，这样的事情是如此罕见，以至于我们可以把它视为一个奇迹，我们不能把我们的实验技术建立在等待以及数奇迹的基础上。简言之，我们受时间的指引，我们与未来的关系不同于我们与过去的关系。我们所有的问题都受到这种不对称性的制约，我们对这些问题的所有回答都同样受到这种不对称性的制约。

　　关于时间方向的一个非常有趣的天文学问题与天体物理学的时33　间有关，在这个问题中，我们在一个单次观测中观测遥远的天体，而在这个问题中我们实验的性质似乎没有单向性。那么，为什么基于实验地面观测的单向的热力学能让我们在天体物理学中处于如此有利的地位呢？答案很有趣，并且不太明显。我们对恒星的观测是通过光的作用，通过从被观测物体中射出并被我们感知的射线或粒子来实现的。我们能感知到入射光，但不能感知出射光，或者说，至少对出射光的感知不是通过一个像入射光那样简单直接的实验来实现的。在对入射光的感知中，我们赖以眼睛或照相底片。为了接收图像，我们将它们放置在绝缘状态下一段时间：我们使眼睛变暗以避免后来的像，我们用黑纸包裹底片以防止光晕。很明显，只有这样的眼睛，只有这样的底片，对我们才有用处：如果这一切倒过来，我们被赋予了预成像，我们还不如瞎了眼；如果我们必须在使用底片后把底片放在黑纸里，在使用前冲洗，那么摄影就的的确确是一门非常困难的艺术！在这种情况下，我们可以看到那些向我们和整个世界辐射的恒星；而如果有任何恒星的演化方向是相反的，它们将吸引来自整个天空的辐射，鉴于我们已经知道自己的过去却不知道自己的未来，甚至从我们身上的这种吸引也将无法察觉。因此，我们所看到的宇宙部分，就辐射的发射而言，与我们自己一样，必须有它的过去-未来关系。我们看到恒星这一事实就意味着它的热力学和我们的热力学是一样的。

事实上，这是一个非常有趣的智力实验，建立一个有智力的人的幻想，这个人的时间方向与我们的相反。对于这样的一个人，所有与我们的通讯是不可能的。他发出的任何信号作为一条逻辑流到达我们这里，在他看来是后果，而在我们看来是前因。这些前因已经在我们的经验之中了，我们会将其作为对他的信号之自然解释，不必预先假设一个有智力的人已经发过来过。如果他给我们画一个正方形，我们就会看到他的画的剩余部分是它的前身，而它似乎是这些剩余的奇特结晶——总是完全可以解释的。它的意义似乎是偶然的，就像我们把人的面孔看成群山和悬崖一样。正方形的绘制在我们看来将是一个突变——确实是突然的，但可以用自然法则来解释——根据这个突变，正方形将不复存在（译者注：因为在开始的时候，正方形不存在。这在我们看来是最后发生的：消失了）。我们的对手对我们也会有完全相同的看法。

34

在任何我们可以交流的世界里，时间的方向是一致的。

回到牛顿天文学和气象学之间的对比：大多数科学处于中间位置，但大多数更接近气象学而不是天文学。即使是天文学，正如我们所看到的，也包含着宇宙气象学。它也包含了乔治·达尔文爵士研究的一个非常有趣的领域，被称为潮汐演化理论。我们曾经说过，我们可以把太阳和行星的相对运动看作刚体的运动，但事实并非如此。例如，地球几乎被海洋包围。离月球较近的那部分水，比地球中心的固体部分对月球的吸引力更大，而地球另一边的水则对月球的吸引力较小。这种相对轻微的影响把水拉成两座山丘，一座在月亮下面，一座在月亮相反方向那一端。在一个完美的液态的球体中，这些山丘可以随着月球环绕地球运行，而不会产生巨大的能量分散，因此几乎可以精确地保持在月球下方以及与月球相对面的两个位置。结果，它们会对月球产生拉力，这不会对月球在天空中的角度位置产生很大影响。但是，它们在地球上产生的潮汐波在海岸和浅海（如白令海和爱尔兰海）被缠结和延迟。因此，它落后于月球的位置，产生这种现象的力主要是湍流、耗散力，其性质与气象学中遇到的力非常相似，需要进行统计处理。实际上，海洋学可以被称为水气气象学而不是大气气象学。

这些摩擦力把月球在绕地球的轨道上往回拉，加速地球的自转。他们倾向于使月和天的长度相互间更接近彼此。事实上，月亮的白天就是月份，月亮总是用几乎相同的面孔面对地球。有人认为，这是古代潮汐演化的结果，当时月球含有一些液体、气体或塑料物质，这些物质在地球的吸引下可能会释放，而释放可能会消耗大量能量。潮汐演化的这种现象并不局限于地球和月球，在某种程度上可以在所有引力系统中观察到。在过去的岁月里，它严重地改变了太阳系的面貌，尽管在任何类似历史的时期，这种改变与太阳系行星的"刚体"运动相比都是微不足道的。

35

因此，即使是引力天文学也涉及到逐渐消失的摩擦过程。没有一门科学完全符合严格的牛顿模式。生物科学当然有他们的单向现象的全部份额：出生不是死亡的精确的相反过程，合成代谢（组织的建立）也不是分解代谢（它们的分解）的精确的相反过程；细胞的分裂不遵循时间对称的模式，生殖细胞的结合也不形成受精卵；单个人是一支以单方向穿过时间的箭，而种族同样从过去指向未来。

古生物学的记录显示了一个明确的长期趋势，尽管它可能是中断的和复杂的，从简单到复杂。到了上世纪中叶，这一趋势对所有持诚实开放态度的科学家来说已经变得显而易见，而发现其机制的问题是由两个大约同时工作的人：查尔斯·达尔文和阿尔弗雷德·华莱士，他们通过同样的伟大步骤推进的，这绝非偶然。这一步是认识到，一个物种个体的一个偶然的变异，可能会通过几个变异的不同程度的生存能力，从个体或种族的角度，被雕刻成一个或多或少的"单向"或"少向"前进的形式。一条没有腿的变异狗肯定会挨饿，而一条长而瘦的蜥蜴已经发展出了肋骨着地爬行的机制，如果它有干净的线条，并且摆脱了阻碍它的四肢突出物，那么它可能会有更好的存活机会。一个水生动物，无论是鱼、蜥蜴还是哺乳动物，如有梭形的体形、强壮的肌肉和能抓住水的后附肢，都会游得更好；如果它依靠快速捕食来获取食物，那么它的生存机会可能取决于它是否具有这种体形。

　　因此，达尔文进化论是一种机制，通过这种机制，或多或少偶然的变异性被组合成一种相当确定的模式。达尔文原理至今仍然成立，尽管我们对它所依赖的机制有了更好的了解。孟德尔的工作给了我们一个比达尔文更精确和不连续的遗传观点；而突变的概念，从德弗里斯时代起，已经完全改变了我们对突变统计基础的概念。我们研究了染色体的精细解剖结构，并在染色体上定位了基因。现代遗传学家的名单是漫长而杰出的。其中一些，如霍尔丹，使孟德尔主义的统计研究成为研究进化的有效工具。

　　我们已经谈到了查尔斯·达尔文的儿子乔治·达尔文爵士的潮汐演化。儿子的观念和父亲的观念之间的联系，以及"演化"这个名字的选择，都不是偶然的。在潮汐演化和物种起源中，我们有一种机制，通过这种机制，潮汐海洋中波浪和水分子的随机运动的偶然变化，通过一个动力学过程转化为一种向一个方向发展的模式。潮汐演化理论无疑是老达尔文的天文学应用。

　　达尔文王朝的第三代，查尔斯爵士，是现代量子力学的权威之一。这个事实可能是偶然的，然而，它代表了统计学思想对牛顿思想的进一步侵犯。麦克斯韦-玻耳兹曼-吉布斯这一连串名字代表了热力学向统计力学的逐步简化，也就是说，把与热和温度有关的现象简化为这样一种现象，其中牛顿力学应用于一种情况：我们处理的不是单个动力系统，而是动力系统的统计分布；在这种情况下，我们的结论涉及的不是所有这样的系统，而是绝大多数这样的系统。大约在1900年，很明显热力学有严重的错误，特别是有关辐射方面。根据普朗克定律，以太显示的吸收高频辐射的能力比任何现有的辐射理论机械化所允许的要小得多。普朗克提出了辐射的准原子理论 - 量子理论 - 足以令人满意地解释这些现象，但这与物理学的整个其余部分不一致；接着尼尔斯·玻尔跟随其后提出了一个类似的临时性的原子理论。这样，牛顿和普朗克-玻尔分别形成了黑格尔悖论的论点和对立面。其综合是海森堡在1925年发现的统计理论，其中吉布斯的统计牛顿动力学被一个与牛顿和吉布斯用于大尺度现象非常相似的统计理论所取代，但其中对现在和过去的完整数据收集，不足以超过统计学方法来预测未来。因此，不仅牛顿天文学，甚至牛顿物理学，都已成为一种统计情况的平均结果的图景，并因此成为一种进化过程的说明，这样说一点也不过分。

从牛顿的可逆时间到吉布斯的不可逆时间的转变有其哲学上的 37 启示。柏格森强调了物理学的可逆时间与进化和生物学的不可逆时间之间的区别，前者没有新的东西发生，后者总是有新的东西。认识到牛顿物理学不是生物学的适当框架，也许是生命论和机械论之间旧争论的中心点；尽管这件事情由于希望以这种或那种形式保留灵魂和上帝的阴影以对抗唯物主义的侵入而变得复杂。最后，正如我们所看到的那样，生命学家证明了太多。不在生命的主张与物理学的主张之间筑起一堵墙，而是把一个环圈得如此之大，以至于物质和生命都在环里。的确，新物理学的物质不是牛顿的物质，但它离生命学家拟人化的愿望同样遥远。量子理论家的机会不是奥古斯丁式的伦理自由，堤喀和阿南克[1]一样是一个无情的情妇。

1.希腊语堤喀（Tyche）是机遇的意思，阿南克（Ananke）是命定的意思。——俄译注

每个时代的思想都反映在它的技术上。古代的土木工程师是土地测量师、天文学家和航海家；17世纪和18世纪早期的土木工程师是钟表匠和透镜研磨工。像在古代一样，工匠们按照天的形象制作工具。手表只不过是一个手持天体模型，像行星一样按需要移动；如果摩擦和能量的消散在其中起作用，那么它们就是需要克服的影响，结果时针的运动就可以尽可能有周期性和规律性。继惠更斯和牛顿模型之后，这项工程的主要技术成果是航海时代，在航海时代，人们第一次有可能以相当高的精度计算经度，并将大洋的商业活动从偶然和冒险转变为一项常规的商业活动。这是重商主义者的工程学。

制造商继承了商人，蒸汽机继承了计时器。从纽科门发动机到将近现在，工程学的中心领域一直是原动机的研究。热量已经被转换成旋转和平移的可用能量，而牛顿的物理学已经被伦福德、卡诺和焦耳的物理学所补充。热力学出现了，一门时间是明显不可逆转的科学；尽管这门科学的早期阶段似乎代表了一个几乎不接触牛顿动力学的思想领域，那么，能量守恒理论以及后来对卡诺原理或热力学第二定律或能量退化原理的统计解释 —— 使蒸汽机获得最大效率的原理取决于锅炉和冷凝器的工作温度 —— 所有这些把热力学和牛顿动力学融合成统计和非统计两个方面的同一门科学。

如果17世纪和18世纪初是钟表时代，而后来的18世纪和19世纪构成了蒸汽机的时代，现在则是通讯和控制的时代。在电气工程中有一种分裂，在德国被称为强电技术和弱电技术的分裂，我们称之为电力工程和通信工程的区别。正是这种分裂把刚刚过去的时代与我们现在生活的时代分开了。实际上，通信工程可以处理任何大小的电流，以及强大的足以摆动巨大炮塔的发动机的运动；它与动力工程的区别在于，它的主要兴趣不是节约能源，而是精确地再现信号。这个信号可以是按键的敲击声，在另一端被复制成电报接收器的敲击声；也可以是通过电话装置发送和接收的声音；也可以是船上一个轮子的转动，作为舵的角位置接收。因此，通信工程始于高斯、惠斯通和第一批电报员。在上个世纪中叶第一条横渡大西洋的电缆失败后，它在开尔文勋爵的手中得到了第一次合理的科学处理；从80年代开始，也许是海维西德为它的现代化做出了最大的努力。雷达的发现及其在第二次世界大战中的应用，加上控制防空火力的迫切需要，为这一领域带来了大批训练有素的数学家和物理学家。自动计算机器的奇迹属于同一个思想王国，过去当然从来没有像今天这样积极探索过。

自从代达罗斯或亚历山大的希罗时代以来，在技术的每一个阶段，人工制造生物的工作模拟物的能力一直吸引着人们。这种生产和研究自动机的愿望，一直被称为这个时代的活的技术。在魔法时代，我们对傀儡有一种奇怪而险恶的概念，布拉格的拉比以神的不可言喻的名字的亵渎，将生命吹进泥塑中。在牛顿时代，自动机变成了发条式的音乐盒，上面的小雕像笔直地旋转着。在19世纪，自动机是一种光彩夺目的热机，燃烧一些燃料而不是人体肌肉的糖原。最后，现在的自动机通过光电管开门，或将枪指向雷达波束发现飞机的位置，或计算微分方程的解。 39

希腊和神奇的自动机都没有沿着现代机器发展方向的主线，它们似乎也没有对严肃的哲学思想产生太大的影响。它与钟表自动机有很大的不同。这一思想在现代哲学的早期史上发挥了非常真实和重要的作用，尽管我们很容易忽视它。

　　首先，笛卡尔认为低等动物是自动机。这样做是为了避免质疑东正教的态度，即动物没有灵魂可以拯救或诅咒。就我所知，笛卡尔从未讨论过这些活的自动机是如何起作用的。然而，笛卡尔，尽管以一种非常不令人满意的方式，确实讨论了一个重要的相关问题，即无论是在感觉上还是在意志上，人的灵魂与物质环境的耦合模式。他把这种耦合放在他所知道的大脑的一个中间部分，松果体。至于他的耦合的性质，无论它是否代表了思想对物质的直接作用，还是物质对思想的直接作用，他都不太清楚。他可能确实认为这两方面都是一种直接的行动，但他把人类在作用于外部世界的经验的有效性归因于上帝的善良和诚实。

　　上帝在这件事上的角色是不稳定的。要么上帝是完全被动的，在这种情况下，很难看出笛卡尔的解释是如何真正解释了任何事情的；要么上帝是一个积极的参与者，在这种情况下，很难看出上帝的诚实所给予的保证只能是一种对感觉行为的积极参与。因此，物质现象的因果链是平行于一个从上帝的行为开始的因果链的，通过这个因果链，上帝在我们身上产生了与给定的物质状况相对应的经验。一旦假定了这一点，我们就很自然地将我们的意志和它在外部世界产生的效果之间的对应关系归因于类似的神的干预。这是偶因论者盖里克斯和马勒布兰奇所遵循的道路。

40

　　斯宾诺莎在许多方面都是这一学派的延续者，在斯宾诺莎身上，偶因论的学说采取了更合理的形式，主张心灵和物质之间的对应关系是上帝的两个自成一体的属性；但斯宾诺莎的思想不是动态的，很少或根本没有注意到这种对应的机制。

这就是莱布尼茨的出发点，但莱布尼茨的思维方式是动态的，就像斯宾诺莎的几何思维方式一样。首先，他用相应元素的连续体：单子，取代了相应的元素对，心灵和物质。虽然这些都是按照灵魂的模式来构思的，但是它们包括了许多没有上升到完整灵魂的自我意识程度的实例，这些实例构成了笛卡尔认为是物质的世界的一部分。他们每个人都生活在自己封闭的宇宙中，从造物或从时间上的负无限到无限遥远的未来，都有一条完美的因果链；但尽管他们是封闭的，通过上帝预先建立的和谐，他们彼此对应。莱布尼茨把它们比作时钟，它们被如此缠绕，从造物开始永远计时。不像人类制造的时钟，它们不会漂移到异步；但这是由于造物主奇迹般完美的工艺。

因此，莱布尼茨认为，这是一个自动机的世界，在一个惠更斯的弟子看来这是自然的，他按发条的模型建立自动机。虽然单子相互反映，但这种反映并不在因果链中保持从一个转移到另一个。它们实际上和音乐盒上那些被动地跳舞的假人一样，或者说比它们更独立。他们对外界没有真正的影响，也没有受到外界的有效影响。正如他所说的，他们没有窗户。我们所看到的世界的表面组织结构介于虚构和奇迹之间。单子是牛顿太阳系的一个缩影。

在十九世纪，人造的自动机和其他自然自动机，唯物主义者的动植物，被人们从一个完全不同的角度进行了研究。能量的守恒和退化是当今的主导原则。生物体首先是一个热机，将葡萄糖、糖原、淀粉、脂肪和蛋白质燃烧成二氧化碳、水和尿素。代谢平衡是注意力的中心；如果动物肌肉的低工作温度引起注意，而不是类似效率的热机的高工作温度引起注意，这一事实被推到了一个角落，并通过生物的化学能和热机的热能之间的对比来轻松地解释。所有的基本概念都与能量有关，其中最主要的是势的概念。人体工程学是动力工程学的一个分支。即使在今天，这也是思想更为经典、保守的生理学家的主导观点；同时诸如拉舍夫斯基和他的学派等生物物理学家的整个思想趋势都证明了它的持续效力。

　　今天，我们逐渐认识到，人体远非一个保守的系统，它的组成部分工作在一个可用能量比我们想象的要少得多的环境中。电子管给我们显示了，一个有外部能源的系统，可能是执行所需操作的非常有效的机构，特别是当它在低能量水平下工作时，但是那里几乎所有的能量都被浪费掉了。我们开始看到像神经元这样的重要元素，我们身体神经复合体的原子，在与真空管几乎相同的条件下工作，它们相对较小的能量由外界通过血液循环提供，同时，最重要的是描述其功能的簿记却不是记录能耗。简而言之，自动机的最新研究，无论是在金属中还是在肉体中，都是通信工程的一个分支，它的基本概念是消息、干扰或"噪声"（从电话工程师那里拿来的术语）信息量、编码技术等等。

　　在这样一个理论中，我们处理与外部世界有效耦合的自动机，不仅通过它们的能量流、新陈代谢，而且通过一股流体，包含了印象、传入信息和传出信息的动作。接受印象的器官等同于人和动物的感觉器官。它们包括光电管和其他光接收器；接收短赫兹波的雷达系统；

可以说是味觉的氢离子电位记录器；温度计；各种压力计；麦克风等等。执行器可以是电动机、螺线管、加热线圈或其他种类繁多的仪器。在接收器或感觉器官以及执行器之间有一组中间元件，其功能是将输入的印象重新组合成这样的形式，以便在执行器中产生所需类型的反应。输入这个中央控制系统的信息通常包含有关执行器自身功能的信息。 42

这些与人体系统的动觉器官和其他本体感受器相对应，因为我们也有记录关节位置或肌肉收缩率等的器官。此外，自动机接收到的信息不需要立即使用，而是可以延迟或存储，以便在将来某个时间可用。这是记忆的模拟。最后，只要自动机在运行，基于通过它的接收器的过去的数据，它的操作规则很容易发生一些变化，这很可能就是一种学习的过程。

我们现在谈论的机器既不是耸人听闻者的梦想，也不是未来某个时期的希望。它们已经作为恒温器、自动陀螺罗盘船舶转向系统、自行式导弹（尤其是寻找目标的导弹）、防空火控系统、自动控制的石油裂解蒸馏器、超高速计算机等等而存在。它们早在战争之前就已经开始使用了 —— 事实上，非常古老的蒸汽机调速器就属于它们 —— 但是第二次世界大战的巨大机械化将它们带入了自己的领域，而处理原子的极端危险能量的需要可能会使它们发展到更高的水平。不到一个月前，就有一本关于这些所谓的控制机构或伺服机构的新书问世，而当今时代正是伺服机构的时代，正如19世纪是蒸汽机的时代或18世纪是时钟的时代一样。

总而言之：当今时代的许多自动机都与外部世界耦合在一起，既是为了接受印象，也是为了执行行动。它们包含感觉器官、执行器和相当于一个神经系统的东西，整合信息从一个到另一个的传递。他们很适合用生理学的术语来描述自己。它们能与生理学的机制归入一个理论，这不是一个奇迹。

这些机制与时间的关系需要仔细研究。显然，输入-输出关系在时间上是一个连续的关系，涉及到确定的过去和将来的顺序。也许不太清楚的是，敏感的自动机的理论是一种统计理论。我们对于单一输入的通信工程机器的性能几乎没有兴趣。为了充分发挥作用，它必须为整个输入类别提供令人满意的性能，这意味着对于它在统计上预期43 收到的输入类别而言，都达到统计上令人满意的性能。

因此，它的理论属于吉布斯统计力学而不是经典牛顿力学。我们将在通讯理论一章（第3章）中对此进行更详细的研究。

这样，现代自动机与活的生物体存在于同一种柏格森时代；而因此，柏格森没有理由认为活的生物体的基本功能模式不应与这种类型的自动机的功能模式相同。生命论已经胜利到这个程度：甚至连机制都符合生命论的时间结构；但正如我们所说，这一胜利是彻底的失败，因为从每一个与道德或宗教有丝毫关系的观点来看，新的机制和旧的机制一样完全是机械的。我们是否应该把新的观点称为唯物主义，这在很大程度上是一个文字问题：物质的支配地位是19世纪物理学的一个阶段的特征，远远超过了当今时代，"唯物主义"已经成为"机械主义"的一个松散的同义词，事实上，整个机械论者与生命论者的争44 论已经被降到了错误发布问题的边缘。

第 2 章
群与统计力学

　　大约在本世纪初，两位科学家，一位在美国，一位在法国，如果其中一位还能想到世界上存在着另一位的话，那么他们是各按照自认为与对方完全无关的思路工作的。在纽黑文，威拉德·吉布斯正在发展统计力学的新观点。在巴黎，亨利·勒贝格发现了一种改进的、更强大的积分理论，可用于三角级数的研究，这使得他与他的老师埃米尔·博雷尔的名气不相上下。这两位发现者在这一点上是相似的，即他们都是属于书房而不是属于实验室的人，但是就这一点以外，他们对科学的整个态度完全相反。

　　吉布斯虽然是数学家，但他一直认为数学是物理学的辅助工具。勒贝格是一位最纯粹的分析家，一位极其严格的现代数学严谨标准的能干的执行者，以及一位作家，据我所知，他的作品中没有一个直接源自物理学问题的例子或方法。然而，这两个人的工作形成了一个整体，吉布斯提出的问题在这个整体中找到了答案：不是在他自己的工作中，而是在勒贝格的工作中。

　　吉布斯的核心思想是：在牛顿动力学中，在它的原始形式中，我们关注的是一个单独的系统，在给定的初始速度和动量下，根据牛顿定律联系力和加速度，按照一定的力的系统发生变化。然而，在绝大多数实际情况下，我们远远不知道所有的初始速度和动量。如果我们假设系统的不完全已知的位置和动量具有某个初始分布，这将以完全牛顿的方式确定未来任何时间的动量和位置的分布。然后就有可能对这些分布作出陈述，其中一些将断言未来系统将具有概率为1的某些特征，或概率为0的某些其他特征。

概率1和0包含完全确定性和完全不可能的概念，还包括更多含义。如果我用一个点的尺度的那么小的子弹射向一个目标，我击中目标上任一指定的点的机会一般都是零，尽管我击中这个点并非不可能；事实上，在每一个特定的情况下，我一定会击中某一个点，这是一个概率为零的事件。因此，一个概率为1的事件，即我击中目标上某点的事件，可以是由概率为0的事例的集合组成的。

尽管如此，吉布斯统计力学技巧中使用的一个过程，虽然它是隐含地使用而吉布斯也无从清楚地意识到这一点，是把一个复杂的偶然事件分解成一个更特殊的偶然事件的无限序列 —— 第一，第二，第三，以此类推 —— 每一个都有一个已知的概率，这个更大的偶然事件的概率表达式，是更特殊的偶然事件的概率之和，它们形成一个无限序列。因此，我们不能对所有可设想的情况的概率求和，以得到整个事件的概率 —— 因为任何数量的零的和都是零 —— 但是，如果有第一个、第二个、第三个成员等等形成一系列的偶然事件，其中每个项都有一个由正整数给出的确定位置，那么，我们可以对它们求和。

这两种情况之间的区别涉及相当微妙的关于事件集的性质的考

虑，吉布斯虽然是一个非常强大的数学家，但从来不是一个非常微妙的数学家。一个类有没有可能是无限的，但在其成员的多少[1]上面与另一个无限类（如正整数）有本质不同呢？上个世纪末，乔治·康托解决了这个问题，答案是"是的"。如果我们考虑到所有不同的，位于0和1之间的十进制分数，无论是有理数还是无理数，我们知道它们不能按1，2，3的顺序排列，尽管很奇怪的是，所有有理的十进制分数都可以这样排列。因此，吉布斯统计力学所要求的这种区分[2]表面上是可能的。勒贝格对吉布斯理论所作出的服务，是证明了统计力学关于概 46
率为零的偶然事件、以及偶然事件概率的加法的隐含要求，实际上是可以满足的，同时证明了吉布斯理论没有矛盾。

　　然而，勒贝格的工作并不是直接基于统计力学的需要，而是基于一个看起来非常不同的理论，三角级数理论。这可以追溯到18世纪的波与振动物理学，以及当时争论不休的线性系统的运动集合的普遍性问题，这些运动集合可以从系统的简单振动中合成，换句话说，从这些振动中，因为时间的流逝只是将系统偏离平衡的程度乘以一个量，可以是正的或负的，只取决于时间而不取决于位置。这样，一个单个的函数被表示为一个级数的和。在这些级数中，系数表达为要表示的函数乘以给定的加权函数的乘积的平均值。整个理论取决于一个依据单个项的平均值的，级数的平均值的性质。请注意，在从0到A的区间内为1的量和从A到1的区间内为0的量的平均值是A，如果已知该随

1. 这里的"多少"原文是multiplicity。在集合论的术语中使用power（势）这个字。两个集合之间如果有一对一的对应关系，它们便有相同的势。具有与自然数集合相同的势的集合便是可数的势。在这里表现为可以排列成"1，2，3，……"——日译者注
2. 几率对于可数事件是可以加的，然而对于不可数的势的事件一般是不能加的。在这里势的区别很重要——日译者注

机点位于 0 到 1 之间，则此平均值可认为是该随机点位于从 0 到 A 的区间内的概率。换言之，求一系列平均数所需的理论非常接近于充分讨论由无穷多个事例构成的概率所需的理论。这就是为什么勒贝格在解决自己的问题同时，也解决了吉布斯的问题。

吉布斯所讨论的特殊分布本身有一个动力学解释。如果我们考虑一类具有 N 个自由度的非常一般的保守动力系统，我们发现它的位置坐标和速度坐标可以简化为一组特殊的 2N 坐标，其中 N 位广义位置坐标，N 位广义动量。它们决定了一个 2N 维空间，定义了一个 2N 维的体积；如果我们取这个空间的任何一个区域，让点随着时间的推移而流动，这会根据经过的时间把每一组 2N 坐标变成一个新的集合，区域边界的连续变化不会改变它的 2N 维体积。一般来说，对于不是简单地定义为这些区域的集合，这个体积的概念产生了一个勒贝格类型的测度体系。在这个测度系统中，以及在以保持这个测度不变的方式变换的保守动力系统中，还有另一个数值上也保持不变的实体：能量。如果系统中的所有物体只相互作用，并且空间中没有固定位置和固定方向的力，那么还有两个表达式也保持不变。这两个都是向量：动量，和整个系统的动量矩。它们不难消除，结果系统被自由度较少的系统所取代。

在高度专业化的系统中，可能有其他的量不是由能量、动量和动量矩决定的，这些量随着系统的发展是不变的。然而，众所周知，依赖于动力系统的初始坐标和动量，并且具有足够的正则性可以服从基于勒贝格测度的积分系统，同时其中存在另一个不变量的系统，这在相当精确的意义上是非常罕见的。[1]在没有其他不变量的系统中，我们可以确定与能量、动量和总动量矩相对应的坐标，在剩余坐标的空间中，由位置和动量坐标确定的测度本身将确定一种子测度，正如空间中的测度将从二维曲面族中确定二维曲面上的面积一样。例如，如果我们的曲面族是同心球体族，那么当通过将两个同心球体之间区域的总体积取为1进行归一化时，两个紧密靠近的同心球体之间的体积，将给出球体表面面积的测度。

让我们在相空间中的一个区域上取这个新的测度：这个区域的能量、总动量和总动量矩是确定的，同时假设系统中没有其他可测量的不变量。我们让这个有限区域的总测度是常数，或者通过改变尺度为1来使之为常数。因为我们的测度是从一个时间不变的测度中得到的，以一种时间不变的方式，它本身就会是不变的。我们将这个测度称为相位测度，并将它的平均值称为相位平均值。

然而，任何随时间变化的量也可能具有时间平均值。例如，如果 $f(t)$ 依赖于 t，则其对于过去的时间平均值为

$$\lim_{T \to \infty} \frac{1}{T} \int_{-T}^{0} f(t)\,dt \qquad (2.01)$$ [48]

以及它的将来的时间平均值为

$$\lim_{T \to \infty} \frac{1}{T} \int_{0}^{T} f(t)\,dt \qquad (2.02)$$

---

1. J. C. Oxtoby 和 S. M. Ulam，"测度保持同胚和度量传递性"，Ann. of Math., Ser. 2, 42, 874 - 920 (1941).

在吉布斯的统计力学中，时间平均数和空间平均数都会出现。吉布斯试图证明这两种平均数在某种意义上是相同的，这是一个卓越的思想。吉布斯认为这两种类型的平均是相关的，这个概念是完全正确的；而他试图证明这种关系的方法，则是完全错误的。对于这一点他几乎不应该受责备。即使在他去世的时候，勒贝格积分的名声也刚刚开始渗透到美国。在接下来的15年里，它是一个博物馆新奇，只在向年轻的数学家展示严谨的需要和可能性时有用。像奥斯古德（W. F. Osgood[1]）这样杰出的数学家都可能与此无关，直到他临终以前。直到1930年，一群数学家——库普曼，冯·诺依曼，伯克霍夫[2]——最后建立了吉布斯（Gibbs）统计力学的合适的基础。后面，在遍历理论的研究中，我们将看到这些基础是什么。

吉布斯自己认为，在一个系统中，当所有的不变量都作为额外的坐标被移除后，相空间中几乎所有的点的路径都走过了这个空间中的所有坐标点。这个假说，他称之为遍历假说，来自希腊语单词 $\check{\epsilon}\rho\gamma o\nu$，"work"，和 $\ddot o\delta\partial s$，"path"。然而，首先，正如普兰切雷尔和其他人所表明的，没有重要的例子显示这个假说是正确的，没有可微路径可以覆盖平面上的一个区域，即使此路径是无限长的。吉布斯的追随者，也许最后包括吉布斯本人，以一种模糊的方式看到了这一点，并用准遍历假说取代了这一假设，该假说只是断言，随着时间的推移，一个系统通常会无限地接近走过由已知不变量决定的相空间区域的每一点。关于这一点的正确性，在逻辑上没有什么困难：对于吉布斯所依据的结论来说，这仅仅是相当不充分的，它并没有说明系统在每个点

---

1. 然而，奥斯古德的一些早期工作代表了勒贝格积分这个方向上的重要一步。
2. E.霍普夫，《遍历理论》，Ergeb. Math.，5，No.2，Springer，柏林（1937）

附近花费的相对时间。

除了平均和测度的概念 —— 一个函数在一个宇宙中的平均值，在一个待测集合上取1，在其他地方取0 —— 这是懂得吉布斯理论最迫切需要的概念，为了理解遍历理论的真正意义，我们需要对不变量 49 以及转化群的概念进行更精确的分析。吉布斯对向量分析的研究表明，这些概念他当然很熟悉。然而，我们有可能认为，他并没有充分评估这些概念的哲学价值。与他同时代的哈维西德一样，吉布斯是一位在物理数学上的敏锐往往超过他们的逻辑的科学家，他们通常是正确的，而他们往往无法解释他们为什么和是怎样正确的。

对于任何科学的存在，必然存在一些不孤立的现象。在由一个非理性的会突发异想的上帝所创造的一连串奇迹所统治的一个世界里，我们应该被迫在一种困惑的被动状态中等待每一次新的灾难。在《爱丽丝梦游仙境》中的槌球中，我们看到了这样一个世界；木槌是火烈鸟；球是刺猬，刺猬静静地展开身体，做着自己的事情；篮圈、扑克牌士兵，也同样受制于它们自己的运动主动性；规则是易怒、变幻莫测的红桃皇后的法令。

一个有效的规则或一个有用的物理定律的本质是，它可以预先表述，并适用于一个以上的情况。理想情况下，它应该代表所讨论的系统的一个属性，在特定情况下保持不变。在最简单的情况下，这是一个性质，它对系统所服从的一组变换是不变的，因此我们引出了变换、变换群和不变量的概念。

　　一个系统的变换是一种变化，其中每个元素进入另一个元素。太阳系发生在时间 t_1 和时间 t_2 之间的转换，是行星坐标系的变换。当我们移动它们的原点，或使我们的几何轴旋转时，它们坐标的类似变化就是一种变换。当我们在显微镜的放大作用下检查一种制剂时，发生的尺度变化同样是一种转变。

　　由变换 B 跟随变换 A 的结果是另一个变换，称为乘积或结果 BA。请注意，一般情况下，它取决于 A 和 B 的顺序。因此，如果 A 是将坐标 x 转换为坐标 y，y 转换为 $-x$，而 z 不变；而 B 将 x 转换为 z，z 转换为 $-x$，而 y 不变；那么 BA 将把 x 转换为 y，y 转换为 $-z$，z 转换为 $-x$；而 AB 将把 x 转换为 z，y 转换为 $-x$，z 转换为 $-y$。如果 AB 和 BA 是相同的，我们就说 A 和 B 是可交换的。

50

　　但是有的时候，并非总是这样，变换 A 不仅将系统的每个元素变成一个元素，而且还具有这样的性质：每个元素都是变换一个元素的结果。在这个例子中，有一个唯一的变换 A^{-1}，使得 AA^{-1} 和 $A^{-1}A$ 都是非常特殊的变换，我们称之为 I，恒等变换，它把每个元素都变换成它自己。在这种情况下，我们称 A^{-1} 为 A 的逆，很明显 A 是 A^{-1} 的逆，I 是它自己的逆，AB 的逆是 $B^{-1}A^{-1}$。

　　存在某些变换集，其中属于该集的每个变换都有一个逆，同样属于该集；属于该集本身的任何两个变换的结果都属于该集。这些集被称为变换群。一条直线上、一个平面上或三维空间中所有平移的集合是一个变换群；更重要的是，它是一个称为阿贝尔变换的特殊类型的变换群，其中该群的任何两个变换都是可交换的。围绕一个点的旋转集合，以及空间中刚体的所有运动的集合，都是非阿贝尔群。

让我们假设，我们有一些附在所有元素上的量，这些元素由一个变换群变换。当每个元素被相同的群变换改变时，不管这种变换是什么，如果这个量不变，它就被称为群的不变量。这样的群不变量有很多种，其中有两种对我们的目的特别重要。

第一种是所谓的线性不变量。设阿贝尔群变换的元素为 x 表示的项，$f(x)$ 为这些元素的复值函数，具有某些适当的连续性或可积性。那么，如果 Tx 代表变换 T 下 x 产生的元素，如果 $f(x)$ 是绝对值1的函数，那么

$$f(Tx) = \alpha(T)f(x) \qquad (2.03)$$

其中 $\alpha(T)$ 是一个仅依赖于 T 的绝对值1的数，我们可以说 $f(x)$ 是群的一个特征标。它是群的一个略微广义下的不变量。如果 $f(x)$ 和 $g(x)$ 是群特征标，显然 $f(x)\,g(x)$ 也是一个，$[f(x)]^{-1}$ 也是。如果我们可以将群上定义的任何函数 $h(x)$ 表示为群特征标的线性组合，形式如下

$$h(x) = \sum A_k f_k(x) \qquad (2.04)^{51}$$

其中 $f_k(x)$ 是群的一个特征标，而 α_k 与 $f_k(x)$ 的关系和2.03式中 $\alpha(T)$ 与 $f(x)$ 的关系相同。于是，

$$h(Tx) = \sum A_k \alpha_k(T) f_k(x) \qquad (2.05)$$

因此，如果我们可以用一组群特征标来表示 $h(x)$，我们可以根据特征标来表示所有 T 的 $h(Tx)$。

我们已经看到，在乘法和逆运算中，一个群的特征标产生其他特征标，同样可以看到常数1是一个特征标。因此，由群特征标相乘生成群特征标本身的变换群，该变换群被称为原始群的特征标群。

如果原始群是无限长直线上的平移群，那么算符 T 将 x 变为 $x+T$，等式2.03变为

$$f(x + T) = \alpha(T) f(x) \qquad (2.06)$$

如果 $f(x) = e^{i\lambda x}$，$\alpha(T) = e^{i\lambda T}$，此式满足。特征标将是函数 $e^{i\lambda x}$，而特征标群将为把 λ 变成 $\lambda + \tau$ 的平移群，这样与原始群具有相同的结构[1]。当原始群由围绕一个圆的旋转组成时，情况就不是这样了。在这种情况下，运算符 T 把 x 变成一个介于0和 2π 之间的数字，与 $x + T$ 相差 2π 的整数倍，并且，尽管等式2.06仍然成立，我们还有一个额外的条件

$$\alpha(T + 2\pi) = \alpha(T) \qquad (2.07)$$

如果我们现在像过去一样令 $f(x) = e^{i\lambda x}$，我们将得到

1.即特征标群与原群同构 —— 俄译者注

$$e^{i2\pi\lambda} \;=\; 1 \qquad\qquad (2.08)$$

这意味着，λ 必须是一个实整数，为正、负或零。因此，特征标群对应于实整数的平移。另一方面，如果原始群是整数的平移，则等式2.05中的 x 和 T 仅限于整数值，而 $e^{i\lambda x}$ 仅涉及0和 2π 之间的数字，与 λ 相差 2π 的整数倍。因此，特征标群本质上是围绕一个圆旋转的群。

在任何特征标群中，对于给定的特征标 f，$\alpha(T)$ 的值的分布方式是这样的：对于群中的任何元素 S，当它们全部乘以 $\alpha(S)$ 时，分布不会改变。也就是说，如果取这些值的平均值有任何合理的依据，而这些平均值不受群的变换的影响，即每个变换乘以其固定的一个变换来 52 做平均，那么或者 $\alpha(T)$ 总是1，或者这个平均值在乘以某个不是1的数时是不变的并且必须是0。由此可以得出结论，任何特征标与其共轭（也将是特征标）的乘积的平均值为1，任何特征标与另一个特征标的共轭的乘积的平均值为0。换言之，如果我们能像2.04式那样表示 $h(x)$，那么我们就有

$$A_k \;=\; \text{average}\,[\,h(x)\,\overline{f_k(x)}\,] \qquad\qquad (2.09)$$

在一个园上的旋转群的情况里，这直接得出，如果

$$f(x) \;=\; \sum a_n e^{inx} \qquad\qquad (2.10)$$

那么

$$a_n = \frac{1}{2\pi}\int_0^{2\pi} f(x)e^{-inx}dx \qquad (2.11)$$

并且，沿无限长直线平移的结果与这样一个事实密切相关，即如果在适当的意义上

$$f(x) = \int_{-\infty}^{\infty} a(\lambda)e^{i\lambda x}d\lambda \qquad (2.12)$$

那么在某种意义上

$$a(\lambda) = \frac{1}{2\pi}\int_{-\infty}^{\infty} f(x)e^{-i\lambda x}dx \qquad (2.13)$$

这些结果在这里的表述非常粗略，没有明确说明其成立的条件。关于这个理论的更精确的陈述，读者应该参考下面的参考文献[1]。

　　除了群的线性不变量理论外，还有群的测度不变量的一般理论。这些是勒贝格测度的系统，当被群变换的对象被群的算子交换时，它们不会发生任何变化。在这方面，我们应该引用哈尔[2]有趣的群测度理论。正如我们所看到的，每个群本身都是对象的一个集合，这些对象被群本身的相乘运算而交换。因此，它可能有一个不变的测度。哈尔证明了一类相当广泛的群确实具有唯一确定的不变测度，可以根据群本身的结构来定义。

---

1. 诺伯特·维纳，《傅里叶级数及其某些应用》，The University Press, Cambridge, England, 1933; Dover Publications, Inc., N.Y.

2. H.哈尔，《连续组理论中的标准》，Ann. of Math., Ser, 2, 8', 147-169 (1933).

一个变换群的度量不变量理论最重要的应用是证明相平均与时间平均的互换正当性，正如我们已经看到的，吉布斯试图建立这种互换性没有成功。实现这一点的基础是遍历理论。一般的遍历定理从一个集合 E 开始，我们可以把 E 看作测度为 1，通过一个保测度变换 T 或一个保测度变换群 T^λ 转化为它自己，其中 $-\infty < \lambda < \infty$，而

$$T^\lambda \cdot T^\mu = T^{\lambda + \mu} \qquad (2.14)$$

遍历理论关注的是 E 的元素 x 的复值函数 $f(x)$。在所有情况下，$f(x)$ 在 x 中是可测的，如果我们关注的是一个连续的变换群，$f(T^\lambda x)$ 在 x 和 λ 中是同时可测的。在库普曼和冯·诺依曼的平均遍历定理中，$f(x)$ 被认为是 L^2 类，也就是说，

$$\int_E |f(x)|^2 dx < \infty \qquad (2.15)$$

于是定理断言

$$f_N(x) = \frac{1}{N+1} \sum_{n=0}^{N} f(T^n x) \qquad (2.16)$$

或者

$$f_A(x) = \frac{1}{A} \int_0^A f(T^\lambda x) \, d\lambda \qquad (2.17)$$

视情况而定，平均值收敛到极限 $f^*(x)$ 分别当 $N \to \infty$ 或 $A \to \infty$，在下面的含义下：

$$\lim_{N \to \infty} \int_E |f^*(x) - f_N(x)|^2 dx = 0 \qquad (2.18)$$

$$\lim_{A \to \infty} \int_E |f^*(x) - f_A(x)|^2 dx = 0 \qquad (2.19)$$

在伯克霍夫的"几乎处处"遍历定理中, $f(x)$ 被认为是 L 类的: 这意味着

54

$$\int_E |f(x)| dx < \infty \qquad (2.20)$$

函数 $f_N(x)$ 和 $f_A(x)$ 在等式2.16和2.17中定义。于是这个定理说明, 除了测度为0的一组 x 值以外, 有

$$f^*(x) = \lim_{N \to \infty} f_N(x) \qquad (2.21)$$

和

$$f^*(x) = \lim_{A \to \infty} f_A(x) \qquad (2.22)$$

存在。

一个非常有趣的例子是所谓的遍历或度量传递, 其中变换 T 或变换集 T^A 对于任何具有除1或0以外的测度的点 x 集没有不变性, 换句话说, 只有测度为1或0的点有不变性。在这种情况下, 对于 f^* 具有一定的取值范围的值的集合 (对于任一遍历定理), 几乎总是1或0。除非 $f^*(x)$ 几乎总是常数, 否则这是不可能的。于是 $f^*(x)$ 取的值几乎

总是

$$\int_0^1 f(x)\,dx \tag{2.23}$$

也就是说，在库普曼定理中，我们的极限是平均值[1]

$$\lim_{N \to \infty} \frac{1}{N+1} \sum_{n=0}^{N} f(T^n x) = \int_0^1 f(x)\,dx \tag{2.24}$$

同时在伯克霍夫定理中，我们有

$$\lim_{N \to \infty} \frac{1}{N+1} \sum_{n=0}^{N} f(T^n x) = \int_0^1 f(x)\,dx \tag{2.25}$$

除了一组零测度或概率为0的x值。类似的结果也适用于连续情况。这是吉布斯交换相位平均值和时间平均值的充分证明。

在那些变换T或变换群T^λ不是遍历的场合，冯·诺依曼已经证明了在非常一般的条件下，它们可以化为遍历的分量。也就是说，除了一组零测度的x值外，E可分为一组有限或可数的类E_n和一组连续的类$E(y)$，从而在每个E_n和$E(y)$上建立一个测度，该测度在T或T^λ下具不变性。这些变换都是遍历的；并且如果$S(y)$是S与$E(y)$的交集，S_n为S与E_n的交集，那么

$$\underset{E}{\text{measure}}(S) = \int \underset{E(y)}{\text{measure}}[S(y)]\,dy + \sum \underset{E_n}{\text{measure}}(S_n) \tag{2.26}$$ [55]

---

1. Lim是平均值的极限（limit in the mean）的意思。——日译者注

换句话说，整个保测度变换理论可以归结为遍历变换理论。

遍历理论的整体，让我们顺便说一句，可以应用于比同构于直线上的平移群更一般的变换群。特别它可以应用于 n 维中的平移群。三维的情况在物理上很重要。时间平衡的空间类似是空间均匀性，而均匀气体、液体或固体的理论依赖于三维遍历理论的应用。附带说一句，三维中的一个非遍历的平移转换群似乎是一组不同状态的混合平移，这样在一个给定的时刻存在一个或另一个，而不是两者的混合。

熵是统计力学的基本概念之一，在经典热力学中也有应用。它主要是相空间中区域的一种性质，表示其概率测度的对数。例如，让我们考虑一个瓶子中 n 个粒子的动力学，瓶子分为 A 和 B 两部分。如果 m 个粒子在 A 中，$n-m$ 在 B 中，我们在相空间中刻画了一个区域，它将有一定的概率测度。对数是分布的熵：m 个粒子在 A 中，$n-m$ 个粒子在 B 中。系统大部分时间将处于接近最大熵的状态。从这个大多数时间的意义上说，几乎 m_1 个粒子在 A 中，几乎 $n-m_1$ 个粒子在 B 中，其中 A 中有 m_1 和 B 中有 $n-m_1$ 的组合的概率是最大的。对于具有大量粒子和状态的系统，在实际分辨的范围内，这意味着如果我们取一个非最大熵的状态，观察它发生了什么，熵几乎总是增加。

在热机的一般热力学问题中，我们所处理的是在大区域（如发动机气缸）中存在粗糙热平衡的条件。我们研究熵的状态是在给定的温度和体积下，对于给定体积的少数区域，在给定的温度下，包含最大熵的状态。即使对热机，特别是像涡轮这样的热机进行更精细的讨论，其中气体的膨胀方式比气缸中的膨胀方式更为复杂，也不会过于剧烈地改变这些条件。我们仍然可以用一个非常公平的近似来谈论局部温度，即使除了在平衡状态下和通过涉及这个平衡的方法之外，没有温度是精确确定的。然而，在生命物质中，我们甚至失去了很多这种粗糙的同质性。电子显微镜所显示的蛋白质组织的结构具有极大的确定性和精细的质地，其生理学也必然具有相应的精细质地。这种精细度远大于普通温度计的时空尺度，因此普通温度计在活体组织中读取的温度是总平均温度，而不是热力学的真实温度。吉布斯统计力学很可能是一个相当充分的模型来描述人体内发生的事情；而普通热机所提出的图像肯定不是这样。肌肉活动的热效率几乎没有任何意义，当然也不意味着它看起来意味的东西。

　　统计力学中一个非常重要的概念是麦克斯韦妖。假设气体中的粒子在给定的温度下以统计平衡的速度分布运动。对于理想气体，这是麦克斯韦分布。把这种气体装在一个刚性的容器里，容器上有一堵墙，上面有一个由守门人操作的闸门，守门人可以是一个拟人妖，也可以是一个微小的机械装置。当大于平均速度的粒子从A室接近闸门或小于平均速度的粒子从B室接近闸门时，守门人打开闸门，粒子通过；但当小于平均速度的粒子从A室靠近或大于平均速度的粒子从B室靠近时，闸门关闭。这样，B室中高速粒子的浓度增加，A室中高速粒子的浓度降低。这就产生了明显的熵降低；因此，如果这两个室现在由热机连接起来，我们似乎得到了第二种永动机。

　　击退麦克斯韦妖提出的问题比回答问题简单。没有什么比否认这种存在或结构的可能性更容易的了。实际上，我们会发现，严格意义上的麦克斯韦妖不可能存在于一个平衡的系统中，但是如果我们从一开始就接受了这一点，因此不去尝试证明它，我们将错过一个极好的机会去学习熵以及可能的物理、化学和生物系统。

要让麦克斯韦妖行动起来，它必须从靠近的粒子那里接收有关它们的速度和撞击墙壁的点的信息。

无论这些脉冲是否涉及能量的转移，它们都必须涉及妖和气体的耦合。好，熵增加定律适用于一个完全孤立的系统，但不适用于这样一个系统的非孤立部分。因此，我们唯一关心的熵是气体加妖整个系统的熵，而不是气体本身的熵。气体熵只是大系统总熵的一项。我们能不能找到和妖也有关的，对总熵有贡献的项呢？

我们当然可以。恶魔只能对接收到的信息起作用，这个信息，我们将在下一章看到，代表一个负的熵。这些信息必须由某种物理过程来运载，比如说某种形式的辐射。很可能这信息是在一个非常低的能量水平上传递的，在相当长的一段时间内，粒子和妖之间的能量传递远没有信息传递那么重要。然而，根据量子力学，不可能获得给出粒子位置或动量的任何信息，更不用说二者加在一起，而同时对被测粒子的能量没有正面影响，以及超过取决于用于检测的光频率的最小值。因此，所有的耦合都严格地说是一个包含能量的耦合，处于统计平衡的系统在熵和能量方面都是平衡的。从长远来看，麦克斯韦妖本身会受到与环境温度相对应的随机运动的影响，正如莱布尼茨在谈到他的一些单子时所说，它会接收到大量的小印象，直到它陷入"某种眩晕"，无法清晰地感知。事实上，它不再扮演麦克斯韦妖的角色。

然而，在妖被解构之前，可能有一段相当可观的时间间隔，而这段时间可能会如此延长，以至于我们可以说恶魔的活跃阶段是亚稳态的。没有理由假设亚稳妖实际上不存在；事实上，很可能酶是亚稳的麦克斯韦妖，熵递减，也许不是通过快粒子和慢粒子之间的分离，而是通过其他等效过程。我们完全可以从这个角度来看待生物，例如人类本身。当然，酶和活的有机体都是亚稳的：酶的稳定状态是老化的，而活的有机体的稳定状态是死亡的。所有的催化剂最终都会中毒：它们改变反应速率，但不改变真正的平衡。然而，催化剂和人都有足够确定的亚稳态，值得承认这些状态是相对永久的条件。 58

在结束这一章之前，我想指出遍历理论是一个比我们上面提到的更广泛的课题。遍历理论的某些现代发展表明，在一组变换下保持不变的测度是由集合本身直接定义的，而不是预先假定的。我特别提到了克里洛夫和博戈里乌波夫的工作，以及胡列维奇和日本学派的一些工作。

下一章将介绍时间序列的统计力学。这是另一个领域，其中的条件离那些热机的统计力学非常遥远，因此非常适合作为了解在活的有机体里发生了什么的一个模型。 59

第3章
时间序列，信息与通讯

有一大类现象，其中观察到的是一个数值量，或一系列数值量，分布在时间上。温度计连续记录的温度，或者股票市场逐日的收盘价，或者气象局逐日公布的整套气象数据，都是连续或离散，简单或多重的时间序列。这些时间序列变化相对缓慢，非常适合采用手工计算或者普通的数值工具（如计算尺和计算器）进行处理。它们的研究属于统计理论中比较传统的部分。

人们普遍没有认识到的是，一根电话线、一个电视电路或一台雷达设备中电压的快速变化序列同样属于统计学和时间序列领域，尽管组合和修改它们的设备通常动作非常迅速，事实上必须能够在输入快速变化的情况下同等地输出结果。这些装置——电话接收器、滤波器、自动声音编码装置（如贝尔电话实验室的声码器[1]）、调频网络及其相应的接收器——本质上都是快速运转的算术装置，对应统计实验室的计算机器与日程安排的整个装置以及计算机工作人员。他们在使用中所需要的独创性已经被预先植入其中，就像防空火控系统的自

60

---

1. Vocoder："合成"电话的装置。在这种电话中，简化了的指挥信号代替真正的语言信号在通讯线路上传输，这些简化的信号是在传输端经过对语言的分析而产生的。在接收端，经过指挥信号（它决定于音调的高低强弱和节律等）的操纵，原来的语言又被人工地合成出来。——俄译者注

动测距仪和枪指针一样，出于同样的原因。操作链必须运行得如此之快，不允许插入任何人为的联系。

　　总之，不管是在计算机实验室还是在电话电路中，时间序列和处理时间序列的仪器都必须处理信息的记录、保存、传输和使用。这些信息是什么，如何衡量它？一种最简单、最单一的信息形式是记录两种可能性相同的简单选项之间的选择，其中一种选择是必然发生的，例如，在抛硬币时，在正面和反面之间进行选择。我们将这一种的单个选择称为决定。如果我们要求精确测量一个量的信息量，已知这个量处于 A 和 B 之间，可能在这个范围内都有均匀的事前概率，我们将看到，如果我们令 $A=0$ 和 $B=1$，同时以二进制、用无限的二进制数 $a_1\, a_2\, a_3$ 来表示这个量，其中 a_1、a_2... 的每个值为 0 或 1，则所做选择的数量和随之而来的信息量是无限的。这里

$$.a_1 a_2 a_3 \cdots a_n \cdots = \frac{1}{2} a_1 + \frac{1}{2^2} a_2 + \cdots + \frac{1}{2^n} a_n + \cdots \qquad (3.01)$$

　　然而，我们实际进行的任何测量都不能达到完美的精度。如果测量值存在均匀分布的误差处于长度为 $b_1\, b_2...b_n...$ 的范围内，其中 b_k 是第一个不等于 0 的数字，我们将看到，从 a_1 到 a_{k-1}，可能到 a_k 的所有决定都是重要的，而后面的所有决定都不重要。做出的决定的数量肯定不会远离下面的数

$$-\log_2 .b_1 b_2 \cdots b_n \cdots \qquad (3.02)$$

而我们将把这个量作为信息量及其定义的精确公式。

对此我们可以这样设想：我们事前知道一个变量位于 0 和 1 之间，事后地知道它位于 (0, 1) 内部的区间 (a, b)。那么我们从事后知识中得到的信息量是

$$- \log_2 \frac{(a,b) \text{ 的测度}}{(0,1) \text{ 的测度}} \tag{3.03}$$

然而，现在让我们考虑这样一种情况：我们的事前知识是某个量应该位于 x 和 $x + dx$ 之间的概率是 $f_1(x)dx$，而事后概率是 $f_2(x)dx$。我们的事后概率给了我们多少新信息？

这个问题本质上是在曲线 $y = f_1(x)$ 和 $y = f_2(x)$ 下的区域附加一个宽度[1]的问题。值得注意的是，我们在这里假设变量有一个基本均匀分布；也就是说，如果我们用 x^3 或 x 的任何其他函数代替 x，我们的结果通常不会相同。因为 $f_1(x)$ 是一个概率密度，我们将有

$$\int_{-\infty}^{\infty} f_1(x)\,dx = 1 \tag{3.04}$$

结果，在 $f_1(x)$ 下的区域宽度的平均对数可以看作 $f_1(x)$ 倒数的对数高度的某种平均值。因此，与曲线 $f_1(x)$ 相关联的信息量的合理度量[2]是

1."附加一个宽度"：设 $a < b$，$x = a$ 和 $x = b$ 及 $y = f(x)$，$y = 0$ 所包括的部分的面积，便是 x 属于【a，b】的几率，信息量应当决定于几率。表示这种信息的曲线，可以将 $y = f(x)$ 的曲线在各 x 上向 y 方向移动某种程度而得到。这就叫作附加一个宽度 —— 日译者注
2.在这里，作者引用了 J. 冯·诺依曼的私人通信。

$$\int_{-\infty}^{\infty} [\log_2 f_1(x)] f_1(x)\, dx \qquad (3.05)$$

我们这里定义为信息量的量是在类似情况下通常定义为熵的量的负数。这里给出的定义虽然是一个统计定义,但不是 R. A. 费希尔对统计问题给出的定义,可以用来代替统计技术中的费希尔的定义。

特别地,如果 $f_1(x)$ 是 (a, b) 上的常数,而在其他地方为零,则

$$\int_{-\infty}^{\infty} [\log_2 f_1(x)] f_1(x)\, dx = \frac{b-a}{b-a} \log_2 \frac{1}{b-a} = \log_2 \frac{1}{b-a} \qquad (3.06)$$

利用它来比较一个点在区域 $(0, 1)$ 中的信息和它在区域 (a, b) 中的信息,我们得到了它们的差的度量

$$\log_2 \frac{1}{b-a} - \log_2 1 = \log_2 \frac{1}{b-a} \qquad (3.07)$$

当变量 x 被一个范围超过两个或更多维度的变量替换时,我们给出的信息量的定义是适用的。在二维情况下,$f(x, y)$ 是一个函数,使得

62

$$\int_{-\infty}^{\infty} dx \int_{-\infty}^{\infty} dy\, f_1(x, y) = 1 \qquad (3.08)$$

同时信息量是

$$\int_{-\infty}^{\infty} dx \int_{-\infty}^{\infty} dy\, f_1(x, y) \log_2 f_1(x, y) \qquad (3.081)$$

注意到如果 $f_1(x, y)$ 具有 $\phi(x) + \psi(x)$ 的形式，同时

$$\int_{-\infty}^{\infty} \phi(x)\,dx = \int_{-\infty}^{\infty} \psi(y)\,dy = 1 \qquad （3.082）$$

那么

$$\int_{-\infty}^{\infty} dx \int_{-\infty}^{\infty} dy\ \phi(x)\psi(y) = 1 \qquad （3.083）$$

同时

$$\int_{-\infty}^{\infty} dx \int_{-\infty}^{\infty} dy\, f_1(x,y) \log_2 f_1(x,y)$$
$$= \int_{-\infty}^{\infty} dx\,\phi(x) \log_2 \phi(x) + \int_{-\infty}^{\infty} dy\,\psi(y) \log_2 \psi(y)$$

$$（3.084）$$

而来自独立的来源的信息量是可加的。

一个有趣的题目是通过在一个问题中固定一个或多个变量确定获得的信息。例如，假设一个变量 u 位于 x 和 $x + dx$ 之间，概率为 $\exp(-x^2/2a)\,dx/\sqrt{2\pi a}$，而另一个变量 v 位于相同的区间里，概率为 $\exp(-x^2/2b)\,dx/\sqrt{2\pi b}$。如果我们知道 $u + v = w$，我们能得到多少关于 u 的信息？在这种情况下，很明显 $u = w - v$，其中 w 是固定的。我们假设 u 和 v 的事前分布是独立的。那么 u 的事后分布与下式成正比

$$\exp\left(-\frac{x^2}{2a}\right) \exp\left[-\frac{(\omega - x)^2}{2b}\right] = c_1 \exp\left[-(x - c_2)^2\left(\frac{a+b}{2ab}\right)\right]$$

$$（3.09）$$

其中c_1和c_2为常数，在w的固定所给出的信息增加的公式中，它们都消失了。

当我们知道w是我们预先拥有的时候，关于x的超出信息量是

$$\frac{1}{\sqrt{2\pi[ab/(a+b)]}}\int_{-\infty}^{\infty}\left\{\exp\left[-(x-c_2)^2\frac{a+b}{2ab}\right]\right\}$$

$$\times\left[-\frac{1}{2}\log_2 2\pi\left(\frac{ab}{a+b}\right)\right]-(x-c_2)^2\left[\left(\frac{a+b}{2ab}\right)\right]\log_2 e\,]\,dx \quad \text{63}$$

$$-\frac{1}{\sqrt{2\pi a}}\int_{-\infty}^{\infty}\left[\exp\left(-\frac{x^2}{2a}\right)\right]\left(-\frac{1}{2}\log_2 2\pi a-\frac{x^2}{2a}\log_2 e\right)dx$$

$$=\frac{1}{2}\log_2\left(\frac{a+b}{b}\right) \quad\quad (3.091)$$

注意，这个表达式（等式3.091）是正的，它与w无关。它是u和v的均方之和与v的均方之比的对数的一半。如果v只有很小的变化范围，那么$u+v$知识给出的关于u的信息量很大，当b变为0时，它变为无穷大。

我们可以从下面的角度来考虑这个结果：让我们把u当作一个消息，把v当作一个噪声。那么，在没有噪音的情况下，精确消息所携带的信息是无限的。然而，在存在噪声的情况下，该信息量是有限的，并且随着噪声强度的增加，该信息量非常迅速地接近0。

我们说过，信息量，作为一个量的负对数（这个量我们可以认为是一个概率），本质上是一个负的熵。有趣的是可以演示，一般来说它具有我们加给熵的性质。

设 $\phi(x)$ 和 $\psi(x)$ 是两个概率密度，则 $[\phi(x)+\psi(x)]/2$ 也是一个概率密度。那么

$$\int_{-\infty}^{\infty} \frac{\phi(x)+\psi(x)}{2} \log \frac{\phi(x)+\psi(x)}{2} dx$$
$$\leq \int_{-\infty}^{\infty} \frac{\phi(x)}{2} \log \phi(x) dx + \int_{-\infty}^{\infty} \frac{\psi(x)}{2} \log \psi(x) dx$$

（3.10）

这是从下面的事实推出

$$\frac{a+b}{2} \log \frac{a+b}{2} \leq \frac{1}{2}(a \log a + b \log b)$$

（3.11）

换句话说，$\phi(x)$ 和 $\psi(x)$ 下的区域的重叠减少了属于 $\phi(x)+\psi(x)$ 的最大信息量。另一方面，如果 $\phi(x)$ 是在 (a, b) 之外消失的概率密度，

$$\int_{-\infty}^{\infty} \phi(x) \log \phi(x) dx$$

（3.12）

为最小值，当在 (a, b) 里 $\phi(x) = 1/(b-a)$，同时其他地方为零时。这是因为对数曲线是向上凸的。

我们将看到，丢失信息的过程，正如我们所期望的，与熵增加的过程非常相似。它们存在于原本不同的概率区域的融合中。例如，如果我们将某个变量的分布替换为该变量的函数的分布，该函数对不同的参数取相同的值，或者如果在多个变量的函数中，我们允许其中一些变量在其自然变化范围内不受阻碍地变化，我们就失去了信息。消

息上的任何操作都不能在平均的意义上增加信息。在这里，我们把热力学第二定律精确地应用在通信工程中了。相反地，对于一个含糊的情况做更大尺度的描述，平均来说正如我们所看到的，将通常会获得信息，而不会失去它。

一个有趣的例子是当我们在变量 $(x_1, ..., x_n)$ 上有一个 n 维密度 $f(x_1, ..., x_n)$ 的概率分布，其中我们有 m 个非独立变量 $y_1, ..., y_m$。通过固定这 m 个变量我们能得到多少信息？先让他们去固定在极限值 $y_1^*, y_1^* + dy_1^*, ..., y_m^*, y_m^* + dy_m^*$ 之间。让我们取一组新的变量 $x_1, x_2, ..., x_{n-m}, y_1, y_2, ..., ym$。然后在这组新的变量上，我们的分布函数将与区域 R 上的 $f(x_1, ..., x_n)$ 成比例，区域 R 由以下给定：$y_1^* \leqslant y_1 \leqslant y_1^* + dy_1^*, ..., y_m^* \leqslant y_m \leqslant y_m^* + dy_m^*$ 以及外部为 0。因此，通过指定这些 y 获得的信息量将是

$$\frac{\underbrace{\int dx_1 \cdots \int}_{R} dx_n f(x_1, \cdots, x_n) \log_2 f(x_1, \cdots, x_n)}{\underbrace{\int dx_1 \cdots \int}_{R} dx_n f(x_1, \cdots, x_n)}$$

$$= \left\{ \frac{\begin{array}{l} -\int_{-\infty}^{\infty} dx_1 \cdots \int_{-\infty}^{\infty} dx_n f(x_1, \cdots, x_n) \log_2 f(x_1, \cdots, x_n) \\ \int_{-\infty}^{\infty} dx_1 \cdots \int_{-\infty}^{\infty} dx_{n-m} \left| J\left(\begin{array}{c} y_1^*, \cdots, y_m^* \\ x_{n-m+1}, \cdots, x_n \end{array} \right) \right|^{-1} \\ \times f(x_1, \cdots, x_n) \log_2 f(x_1, \cdots, x_n) \end{array}}{\begin{array}{l} \int_{-\infty}^{\infty} dx_1 \cdots \int_{-\infty}^{\infty} dx_{n-m} \left| J\left(\begin{array}{c} y_1^*, \cdots, y_m^* \\ x_{n-m+1}, \cdots, x_n \end{array} \right) \right|^{-1} f(x_1, \cdots, x_n) \\ -\int_{-\infty}^{\infty} dx_1 \cdots \int_{-\infty}^{\infty} dx_n f(x_1, \cdots, x_n) \log_2 f(x_1, \cdots, x_n) \end{array}} \right\} \quad (3.13)$$

　　与这个问题密切相关的是我们在等式3.13中的讨论的推广；在
65 刚刚讨论的情况中，我们有多少只关于变量x_1, x_2, ..., x_{n-m}的信息？
在这里这些变量的事前概率密度是

$$\int_{-\infty}^{\infty} dx_{n-m+1} \cdots \int_{-\infty}^{\infty} dx_n \, f(x_1, \cdots, x_n) \qquad (3.14)$$

而在固定那些y^*以后，非归一化的几率密度是

$$\sum \left| J \begin{pmatrix} y_1^*, \cdots, y_m^* \\ x_{n-m+1}, \cdots, x_n \end{pmatrix} \right|^{-1} f(x_1, \cdots, x_n) \qquad (3.141)$$

其中，Σ是从所有点集$(x_{n-m+1}, ..., x_n)$，对应于给定的一组y^*上取的。在
此基础上，我们可以很容易地写下问题的解，尽管它会有点冗长。如果
我们把集合$(x_1, ..., x_{n-m})$看作是一个广义消息，集合$(x_{n-m+1}, ..., x_m)$
看作是一个广义噪声，把y^*看作是一个广义的污染的消息，我们就知
道我们已经给出了表达式3.141的一个一般化问题的解。

　　因此，我们至少有一个对于我们已陈述的，一般性的消息＋噪
声问题的形式解。一组观测值以任意方式依赖于一组具有已知联
合分布的消息和噪声。我们想确定这些观察仅就消息而言提供了
多少信息？这是通信工程的核心问题。它使我们能够，就其传输信
息的效率而言，评估不同的系统，如幅度调制或频率调制或相位调
制。这是一个技术问题，不适合在这里详细讨论；不过，有些评论
已准备好。首先，可以证明，根据这里给出的信息定义，对于功率
而言在以太网络频率上均匀分布的随机"静态"信号，对于一个限
定了频率范围和该范围内的功率输出的消息，没有任何信息传输方

式比调幅更有效率，尽管其他方法也同样有效。另一方面，通过这种方式发送的信息不一定是最适合耳朵或任何其他给定接收器接收的形式。在这里，耳朵和其他受体的特殊特性必须通过，采用与之非常相似的刚发展的那个理论来考虑。一般来说，有效使用幅度调制或任何其他形式的调制必须辅之以使用解码装置，此装置足以将 66 接收到的信息转换成适合人类接收的形式，或使用机械接收器。同样，必须对原始消息进行编码，以便在传输中获得最大的压缩。贝尔电话实验室在"声码器"系统的设计中至少部分地解决了这个问题，这些实验室的 C. 香农博士以非常令人满意的形式提出了相关的一般理论。[1]

　　测量信息的定义和技术就到此为止。我们现在将讨论信息在时间上均匀呈现的方式。请注意，大多数电话和其他通信设备实际上没有在时间上连接到特定的原点。确实有一种操作似乎与此相矛盾，但实际上并非如此。这就是调制操作。以最简单的形式，它将消息 $f(t)$ 转换成一种形式 $f(t)\sin(at+b)$。然而，如果我们把因子 $\sin(at+b)$ 看作是一个被放入装置中的额外的消息，那么情况就会包括在我们的一般性的叙述之中。额外的信息，我们称之为载体，不会增加系统负载信息的速率。它所包含的所有信息都是在任意短的时间间隔内传递的，因此没有说出新的东西。

　　一个时间上均匀的消息，或统计学家所说的处于统计均衡状态的时间序列，于是是一个单一的时间函数或一组时间函数，它形成了一

1. C. E. Shannon，《The Mathematical Theory of Communication》，Univ of lllinois Press，1949

个具有明确的概率分布的集合，而不因 t 变到 $t + \tau$ 的而改变。也就是说，由将 $f(t)$ 变为 $f(t+\lambda)$ 的运算符 T^λ 组成的变换群使集合的概率保持不变。群满足下列性质

$$T^\lambda [T^\mu f(t)] = T^{\mu+\lambda} f(t) \qquad \begin{cases} (-\infty < \lambda < \infty) \\ (-\infty < \mu < \infty) \end{cases} \quad (3.15)$$

由此可知，如果 $\phi[f(t)]$ 是 $f(t)$ 的"泛函"，也就是说，一个数取决于 $f(t)$ 的整个历史，并且如果 $f(t)$ 在整个集合上的平均值是有限的，我们就可以使用上一章引用的伯克霍夫遍历定理，并得出结论，除了零概率的 $f(t)$，$\phi[f(t)]$ 的时间平均值是存在的，或以符号表示存在：

$$\lim_{A \to \infty} \frac{1}{A} \int_0^A \Phi[f(t+\tau)] \, d\tau = \lim_{A \to \infty} \frac{1}{A} \int_{-A}^0 \Phi[f(t+\tau)] \, d\tau \quad (3.16)$$

67 在上一章中，我们已经讲述了另一个遍历性定理，这是由冯·诺依曼提出的，该定理指出，除了一组零概率的元素外，属于一个系统的任何元素在一组保测度变换（如等式 3.15）下变换到其自身，都属于一个子集（可能是整个集合），该子集在同一变换下变换到它自己，它有一个定义在它自己上的测度，在变换下也是不变的，并且它还有一个更进一步的性质，即在变换群下保留测度的这个子集的任何部分要么有这个子集的最大测度，要么测度为 0。如果我们抛开这个子集合之外的所有元素，并使用其适当的测度，我们将发现时间平均值（等式 3.16）在几乎所有情况下都是整个函数 $f(t)$ 空间中 $\phi[f(t)]$ 的平均值；即所谓的相位平均。因此，在这样一个函数集合 $f(t)$ 的情况下，除了在一组概率为零的情况下，我们可以推导出集合的任何统计参数

的平均值，实际上，我们可以同时从任何一个分量时间序列的记录中
推导出集合的任何可计数的此类参数集合，用时间平均代替相位平
均。而且，我们只需要知道类的几乎任何一个时间序列的过去。换言
之，给定一个已知属于统计平衡系综的时间序列到现在为止的整个历
史，我们能够以可能的0误差计算该时间序列所属的统计平衡系综的
整个统计参数集。到这里为止，我们已经为单个时间序列建立了这个
公式；然而，对于多个时间序列，其中我们有几个同时变化的量而不
是一个单一的变化量，这个公式同样成立。

　　我们现在可以讨论属于时间序列的各种问题。我们将把注意力局
限于那些时间序列的整个过去可以用一组可数的量来表示的情况。例
如，对于相当广泛的一类函数 $f(t)$ $(-\infty < t < \infty)$，当我们知道下式的
量的集合时，我们已经完全确定了函数 f

$$a_n = \int_{-\infty}^{0} e^{t}t^{n}f(t)\,dt \qquad (n = 0,1,2,\cdots) \qquad (3.17)$$

现在令A是将来t值的函数，也就是说，对于大于0的参数t。那么，我
们可以从几乎任何一个时间序列的过去来确定 $(a_0, a_1, ..., a_n, A)$ 的
瞬时分布，如果函数 f 的集合[1]是在其最狭义的可能意义上。特别地，
如果 $a_0, a_1, ..., a_n$ 都给定，我们可以确定A的分布。这里我们引用已
知的尼基迪姆关于条件概率的定理。同样的定理将使我们确信，在非
常一般的情况下，这个分布在 $n \to \infty$ 时将趋向于一个极限。这个极限
将给我们所有关于未来的量的分布的知识。当过去是已知的时候，我

们可以类似地确定未来量的任何集合的值的瞬时分布，或者取决于过去和未来的任何集合的值的瞬时分布。如果我们对这些统计参数或一组统计参数的"最佳值"给出了充分的解释，也许在平均值、中位数或模式的意义上，我们可以从已知的分布中计算出来，并得到一个预测，以满足任何期望的预测优度标准。我们可以计算预测的优点，使用这个优点的任何期望的统计基础 —— 均方误差或最大误差或平均绝对误差，等等。我们可以计算出关于任何统计参数或一组统计参数的信息量，这些信息量是通过对过去的修正得到的。我们甚至可以计算出过去的知识在某一点之后将给我们的关于整个未来的全部信息量；尽管当这一点是目前的时候，我们一般从过去知道后者，我们对现在的知识将包含无限的信息量。

另一个有趣的情况是多重时间序列，其中我们只准确地知道一些组件的过去。任何涉及超过这些过去的量的分布都可以用与已经提出的非常相似的方法来研究。特别是，我们可能希望知道另一个组成部分的值或其他组成部分的一组值在某个时间点、过去、现在或将来的分布。滤波器的一般问题属于这一类。我们有一个消息，连同一个噪音，以某种方式组合成一个损坏的消息，我们知道它的过去。我们还知道消息和噪声作为时间序列的统计联合分布。我们要求出在某个给定的时间、过去、现在和将来这个消息的值的分布。然后，我们要求一个运算符作用在损坏的消息的过去上面，在某种给定的统计意义上，最接近地给出这个真正的消息。我们可能会要求对我们所知信息的误差的某种测度进行统计估计。最后，我们可能会询问我们所掌握的与消息有关的信息量。

　　时间序列有一个集合，特别简单和集中。这是布朗运动的集合。[69]
布朗运动是一个粒子在气体中的运动，由处于热搅动状态的其他粒子
的随机撞击推动。这一理论已经被许多作者发展起来，其中包括爱因
斯坦、斯莫卢乔夫斯基、佩林和本书作者。[1]除非我们在时间尺度上
降低到如此小的间隔，以至于粒子对彼此的单独冲击是可以辨别的，
否则运动表现出一种奇怪的不可区分性。给定时间内给定方向上的
均方运动与那个时间长度成正比，连续时间内的运动完全不相关。
这与物理观测结果非常吻合。如果我们将布朗运动的尺度归一化以
适应时间尺度，并且只考虑运动的一个坐标 x，如果我们让 $t = 0$ 时
$x(t)$ 等于0，那么，如果 $0 \leqslant t_1 \leqslant t_2 \leqslant \cdots \leqslant t_n$，在时间 t_1 时，粒子位于 x_1
和 $x_1 + dx_1$ 之间，……，在时间 t_n 时，粒子位于 x_n 和 $x_n + dx_n$ 之间的几
率为

$$\frac{\exp\left[-\dfrac{x_1{}^2}{2t_1} - \dfrac{(x_2 - x_1)^2}{2(t_2 - t_1)} - \cdots - \dfrac{(x_n - x_{n-1})^2}{2(t_n - t_{n-1})}\right]}{\sqrt{\left|(2\pi)^n t_1(t_2 - t_1)\cdots(t_n - t_{n-1})\right|}} dx_1 \cdots dx_n$$

（3.18）

　　在对应于此明确的概率系统的基础上，我们可以使对应于不同可
能布朗运动的路径集依赖于一个介于0和1之间的参数 α，这样，每个
路径都是一个函数 $x(t, \alpha)$，其中 x 依赖于时间 t 和分布参数 α，其中一
条路径位于某个集合 S 中的概率等于对应于 S 中路径的 α 的值集合的
测度，在此基础上，几乎所有的路径都是连续的、不可微的。

　　一个非常有趣的问题是确定关于 $x(t_1, \alpha) \ldots x(t_n, \alpha)$ 对于 α 的平

1. R. E. A. C.Paley 和诺伯特·维纳，《复域中的傅里叶变换》，Colloquium Publications，第19卷，美国数学会，纽约，1934年，第10章。

均值。这将是

$$
\int_0^1 d\alpha\, x(t_1,\ \alpha) x(t_2,\ \alpha)\cdots x(t_n,\ \alpha)
$$
$$
= (2\pi)^{-n/2} [\, t_1(t_2 - t_1)\cdots(t_n - t_{n-1})\,]^{-1/2}
$$
$$
\times \int_{-\infty}^{\infty} d\xi_1 \cdots \int_{-\infty}^{\infty} d\xi_n\, \xi_1\xi_2\cdots\xi_n \exp\left[-\frac{\xi_1^2}{2t_1} - \frac{(\xi_2 - \xi_1)^2}{2(t_2 - t_1)} - \cdots - \frac{(\xi_n - \xi_{n-1})^2}{2(t_n - t_{n-1})} \right]
$$

（3.19）

这里设 $0 \leqslant t_1 \leqslant \cdots \leqslant t_n$。我们令

$$
\xi_1\cdots\xi_n = \sum A_k \xi_1^{\lambda_{k,1}} (\xi_2 - \xi_1)^{\lambda_{k,2}} \cdots (\xi_n - \xi_{n-1})^{\lambda_{k,n}}
$$
（3.20）

其中 $\lambda_{k,1} + \lambda_{k,2} + \cdots + \lambda_{k,n} = n$。式（3.19）的值将变为

$$
\sum A_k (2\pi)^{-n/2} [\, t_1^{\lambda_{k,1}} (t_2 - t_1)^{\lambda_{k,2}} \cdots (t_n - t_{n-1})^{\lambda_{k,n}} \,]^{-1/2}
$$
$$
\times \prod_j \int_{-\infty}^{\infty} d\xi\, \xi^{\lambda_{k,j}} \exp\left[-\frac{\xi^2}{2(t_j - t_{j-1})} \right]
$$
$$
= \sum A_k \prod_j \frac{1}{\sqrt{2\pi}} \int_{-\infty}^{\infty} \xi^{\lambda_{k,j}} \exp\left(-\frac{\xi^2}{2} \right) d\xi\, (t_j - t_{j-1})^{-1/2}
$$
$$
= \begin{cases} 0 \text{如果每一个 } \lambda_{k,j} \text{ 为奇数} \\ \sum_k A_k \prod_j (\lambda_{k,j} - 1)(\lambda_{k,j} - 3)\cdots 5 \cdot 3 \cdot (t_j - t_{j-1})^{-1/2} \end{cases}
$$
（3.21）

如果每一个 $\lambda_{k,j}$ 为偶数，则

$$= \sum_k A_k \prod_j (t_j - t_{j-1})^{1/2} \times (\text{将 } \lambda_{k,j} \text{ 组对的方式的数目})$$

$$= \sum_k A_k (t_j - t_{j-1})^{1/2} \times (\text{将 } n \text{ 项 } \lambda_{k,j} \text{ 组对的方式的数目。这些对的两个}$$
$$\text{元素都属于同一组 } \lambda_{k,j} \text{ 项, } \lambda \text{ 被拆散到这些项})$$

$$= \sum_j A_j \sum \prod \int_0^1 d\alpha [x(t_k, \alpha) - x(t_{k-1}, \alpha)] [x(t_q, \alpha) - x(t_{q-1}, \alpha)]$$

其中第一个 $\sum$ 符号是对 j 求和，第二个 $\sum$ 符号是对所有 $(\lambda_{k,1}, \cdots, \lambda_{k,n})$ n 项的块、分别组对的方式求和，$\prod$ 符号是对那些下标 k 与 q 的对来求积，其中 $\lambda_{k,1}$ 的元素其 t_k 与 t_q 从 t_1 来选，$\lambda_{k,2}$ 从 t_2 选，等等。于是立刻得出

$$\int_0^1 d\alpha \, x(t_1, \alpha) x(t_2, \alpha) \cdots x(t_n, \alpha) = \sum \prod \int_0^1 d\alpha \, x(t_j, \alpha) x(t_k, \alpha)$$
$$(3.22)$$

其中 $\sum$ 符号是对所有把 $t_1, \ldots, t_n$ 的分组配成不同的对来求和，而 $\prod$ 符号是在每一个分组里对所有的对求积。换句话说，当我们知道一对 $x(t_1, \alpha)$ 的乘积的平均值时，我们就知道这些量中所有多项式的平均值，从而知道它们的整个统计分布。

到目前为止，我们已经考虑了布朗运动 $x(t, \alpha)$ 其中 t 为正。如果我们令

$$\xi(t, \alpha, \beta) = x(t, \alpha) \qquad (t \geqslant 0)$$

$$\xi(t, \alpha, \beta) = x(-t, \beta) \qquad (t < 0) \qquad (3.23)$$

其中 α 和 β 在 $(0, 1)$ 上有独立的均匀分布，我们将得到一个分布 $\xi(t, \alpha, \beta)$，其中 t 在整个无限实数轴上取值。有一种众所周知的数学方法，

可以把一个正方形映射在线段上，使面积变成长度。我们要做的一切就是以十进制的格式在正方形里写出我们的坐标：

$$\left.\begin{array}{l} \alpha = .\alpha_1\alpha_2\cdots\alpha_n\cdots \\ \beta = .\beta_1\beta_2\cdots\beta_n\cdots \end{array}\right\} \qquad (3.24)$$

同时设

$$\gamma = .\alpha_1\beta_1\alpha_2\beta_2\cdots\alpha_n\beta_n\cdots$$

于是我们得到了这类映射，它是直线段和正方形上几乎所有点的一对一映射。利用这个替换，我们定义

$$\xi(t,\ y) = \xi(t,\ \alpha,\ \beta) \qquad (3.25)$$

我们现在想定义

$$\int_{-\infty}^{\infty} K(t)\,d\xi(t,\ \gamma) \qquad (3.26)$$

最明显的事情是将其定义为斯蒂尔杰斯[1]积分，但是 ξ 是 t 的一个非常不规则的函数，使这样的定义不可能。然而，如果 K 在 $\pm\infty$ 处足够快地降到0，并且是一个足够平滑的函数，则可合理地有

$$\int_{-\infty}^{\infty} K(t)\,d\xi(t,\ \gamma) = -\int_{-\infty}^{\infty} K'(t)\xi(t,\ \gamma)\,dt \qquad (3.27)$$

---

1. T. J.斯蒂尔杰斯，学院年鉴，图卢兹科学院，1894年，第165页；H.勒贝格，Lefons sur l'Integration，Gauthier-Villars et Cie，巴黎，1928年。

在这些条件下，我们形式上有

$$\int_0^1 d\gamma \int_{-\infty}^{\infty} K_1(t)d\xi(t, \ \gamma) \int_{-\infty}^{\infty} K_2(t)d\xi(t, \ \gamma)$$

$$= \int_0^1 d\gamma \int_{-\infty}^{\infty} K_1'(t)\xi(t, \ \gamma)dt \int_{-\infty}^{\infty} K_2'(t)\xi(t, \ \gamma)dt$$

$$= \int_{-\infty}^{\infty} K_1'(s)ds \int_{-\infty}^{\infty} K_2'(t)dt \int_0^1 \xi(s, \ \gamma)\xi(t, \ \gamma)d\gamma$$

$$(3.28)$$

那么，如果 s 与 t 具有相反的符号

$$\int_0^1 \xi(s, \ \gamma)\xi(t, \ \gamma)d\gamma = 0 \qquad (3.29)^{[72]}$$

而当它们符号相同，并且 $|s| < |t|$，

$$\int_0^1 \xi(s, \ \gamma)\xi(t, \ \gamma)d\gamma = \int_0^1 x(|s|, \ \alpha)x(|t|, \ \alpha)d\alpha$$

$$= \frac{1}{2\pi \sqrt{|s|(|t| - |s|)}} \int_{-\infty}^{\infty} du \int_{-\infty}^{\infty} dv \ uv \exp\left[-\frac{u^2}{2|s|} - \frac{(v-u)^2}{2(|t| - |s|)} \right]$$

$$= \frac{1}{\sqrt{2\pi|s|}} \int_{-\infty}^{\infty} u^2 \exp\left(-\frac{u^2}{2|s|} \right) du$$

$$= |s| \frac{1}{\sqrt{2\pi}} \int_{-\infty}^{\infty} u^2 \exp\left(-\frac{u^2}{2} \right) du = |s|$$

$$(3.30)$$

这样，

$$\int_0^1 d\gamma \int_{-\infty}^{\infty} K_1(t) d\xi(t, \gamma) \int_{-\infty}^{\infty} K_2(t) d\xi(t, \gamma)$$

$$= -\int_0^{\infty} K_1'(s) ds \int_0^s tK_2'(t) dt - \int_0^{\infty} K_2'(s) ds \int_0^s tK_1'(t) dt$$

$$+ \int_{-\infty}^0 K_1'(s) ds \int_s^0 tK_2'(t) dt + \int_{-\infty}^0 K_2'(s) ds \int_s^0 tK_1'(t) dt$$

$$= -\int_0^{\infty} K_1'(s) ds \left[sK_2(s) - \int_0^s K_2(t) dt \right]$$

$$- \int_0^{\infty} K_2'(s) ds \left[sK_1(s) - \int_0^s K_1(t) dt \right]$$

$$+ \int_{-\infty}^0 K_1'(s) ds \left[-sK_2(s) - \int_s^0 K_2(t) dt \right]$$

$$+ \int_{-\infty}^0 K_2'(s) ds \left[-sK_1(s) - \int_s^0 K_1(t) dt \right]$$

$$= -\int_{-\infty}^{\infty} s d[K_1(s) K_2(s)] = \int_{-\infty}^{\infty} K_1(s) K_2(s) ds$$

$$(3.31)$$

特别是

$$\int_0^1 d\gamma \int_{-\infty}^{\infty} K(t + \tau_1) d\xi(t, \gamma) \int_{-\infty}^{\infty} K(t + \tau_2) d\xi(t, \gamma)$$

$$= \int_{-\infty}^{\infty} K(s) K(s + \tau_2 - \tau_1) ds \qquad (3.32)$$

此外，

$$\int_0^1 d\gamma \prod_{k=1}^n \int_{-\infty}^{\infty} K(t + \tau_k) d\xi(t, \gamma)$$

$$= \sum \prod \int_{-\infty}^{\infty} K(s) K(s + \tau_j - \tau_k) ds \qquad (3.33)$$

其中求和是对于所有 $\tau_1, \cdots, \tau_n$ 的划分结合成对，而乘积是对每一个
划分的各对。

表达式

$$\int_{-\infty}^{\infty} K(t + \tau)\,d\xi(\tau,\ \gamma) = f(t,\ \gamma) \qquad (3.34)$$

代表变量 t 的一个非常重要的时间序列的集合，依赖于一个分布参数 γ。我们已经证明了这个结论：所有的矩，以及因而所有的这个分布的统计参数，都依赖于函数

$$\begin{aligned} \Phi(\tau) &= \int_{-\infty}^{\infty} K(s)K(s + \tau)\,ds \\ &= \int_{-\infty}^{\infty} K(s + t)K(s + t + \tau)\,ds \qquad (3.35) \end{aligned}$$

这是统计学家的具有滞后 τ 的自相关函数。这样，分布 $f(t,\ \gamma)$ 的统计与 $f(t + t_1,\ \gamma)$ 的统计相同；并且可以证明，事实上如果

$$f(t + t_1,\ \gamma) = f(t,\ \Gamma) \qquad (3.36)$$

那么 γ 到 Γ 的变换保持测度不变。换言之，我们的时间序列处于统计平衡。

此外，如果我们考虑下式的平均

$$\left[\int_{-\infty}^{\infty} K(t - \tau)\,d\xi(t,\ \gamma)\right]^{m} \left[\int_{-\infty}^{\infty} K(t + \sigma - \tau)\,d\xi(t,\ \gamma)\right]^{n} \qquad (3.37)$$

它将精确地由下式中的项组成

$$\int_0^1 d\gamma \left[\int_{-\infty}^{\infty} K(t-\tau)\,d\xi(t,\ \gamma)\right]^m \int_0^1 d\gamma \left[\int_{-\infty}^{\infty} K(t+\sigma-\tau)\,d\xi(t,\ \gamma)\right]^n \tag{3.38}$$

以及有限数目的项，这些项包含下式作为因子的幂

74

$$\int_{-\infty}^{\infty} K(\sigma+\tau)K(\tau)\,d\tau \tag{3.39}$$

那么当 $\sigma \to \infty$ 时，如果这趋近于 0，表达式 3.38 将是表达式 3.37 在这种情况下的极限。换句话说，$f(t,\gamma)$ 和 $f(t+\sigma,\gamma)$ 作为 $\sigma \to \infty$ 的分布是渐近独立的。通过一个措辞更为笼统但完全相似的论点，可以证明当 $\sigma \to \infty$ 时 $f(t_1,\gamma)$，…，$f(t_n,\gamma)$ 和 $f(\sigma+s_1,\gamma)$，…，$f(\sigma+s_m,\gamma)$ 的同时分布趋近于第一组和第二组的联合分布。换言之，任何有界可测泛函或量，它们取决于 t 的函数 $f(t,\gamma)$ 值的整个分布，此函数我们可以写成 $\mathscr{F}[f(t,\gamma)]$ 的形式，同时必须具有以下性质

$$\lim_{\sigma \to \infty} \int_0^1 \mathscr{F}[f(t,\ \gamma)]\ \mathscr{F}[f(t+\sigma,\ \gamma)]\,d\gamma = \left\{\int_0^1 \mathscr{F}[f(t,\ \gamma)]\,d\gamma\right\}^2 \tag{3.40}$$

如果 $\mathscr{F}[f(t,\gamma)]$ 在 t 的平移下具有不变性，并且只取值 0 或 1，我们就有

$$\int_0^1 \mathscr{F}[f(t,\ \gamma)]\,d\gamma = \int_0^1 \left\{\mathscr{F}[f(t,\ \gamma)]\,dy\right\}^2 \tag{3.41}$$

使得 $f(t,\gamma)$ 到 $f(t+\sigma,\gamma)$ 的变换群是度量传递的。由此得出如果 $\mathscr{F}[f(t,\gamma)]$ 是 f 作为 t 的函数的任意可积泛函，那么根据遍历定理

$$\int_0^1 \mathscr{F}[f(t, \gamma)] \, d\gamma = \lim_{T\to\infty} \frac{1}{T}\int_0^T \mathscr{F}[f(t, \gamma)] \, dt$$

$$= \lim_{T\to\infty} \frac{1}{T}\int_{-T}^0 \mathscr{F}[f(t, \gamma)] \, dt \quad (3.42)$$

除了一组零测度对于 γ 的所有值，上式成立。也就是说，我们几乎总能从一个单一例子的过去历史中读取这样一个时间序列的任何统计参数，甚至读取任何可数统计参数集。实际上，对于这样一个时间序列，当我们知道

$$\lim_{T\to\infty} \frac{1}{T}\int_{-T}^0 f(t, \gamma)f(t - \tau, \gamma) \, dt \quad (3.43)$$

那么我们几乎在所有情况下都知道 $\Phi(t)$，并且我们对时间序列有完整的统计知识。

有一些量依赖于这种时间序列，它具有相当有趣的性质。特别是，了解下式的平均值是很有趣的：

$$\exp\left[i\int_{-\infty}^\infty K(t) \, d\xi(t, \gamma) \right] \quad (3.44)\ ^{75}$$

形式上，这可以写成

$$\int_0^1 d\gamma \sum_{n=0}^\infty \frac{i^n}{n!}\left[\int_{-\infty}^\infty K(t) \, d\xi(t, \gamma) \right]^n$$

$$= \sum_m \frac{(-1)^m}{(2m)!}\left\{ \int_{-\infty}^\infty [K(t)]^2 dt \right\}^m (2m-1)(2m-3)\cdots 5\cdot 3\cdot 1$$

$$= \sum_m^\infty \frac{(-1)^m}{2^m m!}\left\{ \int_{-\infty}^\infty [K(t)]^2 dt \right\}^m$$

$$= \exp\left\{ -\frac{1}{2}\int_{-\infty}^\infty [K(t)]^2 dt \right\} \quad (3.45)$$

　　从简单的布朗运动序列中建立一个尽可能一般的时间序列是一个非常有趣的题目。在这种构造中，傅里叶展开式的例子表明，表达式 3.44 这样的展开式是用于此目的的方便的构造模块。特别地，让我们研究下面的时间序列的特殊形式

$$\int_a^b d\lambda \, \exp\left[i \int_{-\infty}^{\infty} K(t+\tau, \lambda) d\xi(\tau, \gamma) \right] \tag{3.46}$$

假设我们已知 $\xi(\tau, \gamma)$ 以及 3.46 式。那么，就像在 3.45 式里那样，如果 $t_1 > t_2$，

$$
\begin{aligned}
\int_0^1 d\gamma \, &\exp\left\{ is[\xi(t_1, \gamma) - \xi(t_2, \gamma)] \right\} \\
&\times \int_a^b d\lambda \, \exp\left[i \int_{-\infty}^{\infty} K(t+\tau, \lambda) d\xi(\tau, \gamma) \right] \\
&= \int_a^b d\lambda \, \exp\left\{ -\frac{1}{2} \int_{-\infty}^{\infty} [K(t+\tau, \lambda)]^2 dt \right. \\
&\left. \quad - \frac{s^2}{2}(t_2 - t_1) - s \int_{t_2}^{t_1} K(t, \gamma) dt \right\}
\end{aligned} \tag{3.47}
$$

如果我们乘以 $\exp[s^2(t_2 - t_1)/2]$，令 $s(t_2 - t_1) = i\sigma$，同时让 $t_2 \to t_1$，我们得到

$$\int_a^b d\lambda \, \exp\left\{ -\frac{1}{2} \int_{-\infty}^{\infty} [K(t+\tau, \lambda)]^2 dt - i\sigma K(t_1, \lambda) \right\} \tag{3.48}$$

我们取 $K(t_1, \lambda)$ 以及一个新独立变量 μ，求解 λ，得到

$$\lambda = Q(t_1, \mu) \tag{3.49}$$

3.48式变成

$$\int_{K(t_1,\,a)}^{K(t_1,\,b)} e^{i\mu\sigma}\, d\mu\, \frac{\partial Q(t_1,\,\mu)}{\partial\mu}\, \exp\left(-\frac{1}{2}\int_{-\infty}^{\infty}\{K[t+\tau,\,Q(t_1,\,\mu)]\}^2 dt\right)$$

(3.50)

从这个式子通过傅里叶变换我们能够决定

$$\frac{\partial Q(t_1,\,\mu)}{\partial\mu}\, \exp\left(-\frac{1}{2}\int_{-\infty}^{\infty}\{K[t+\tau,\,Q(t_1,\,\mu)]\}^2 dt\right)$$ (3.51)

作为 μ 的一个函数，而 μ 在 $K(t_1,a)$ 和 $K(t_1,b)$ 之间。如果我们对 μ 积分这个函数，我们决定了

$$\int_a^\lambda d\lambda\, \exp\left\{-\frac{1}{2}\int_{-\infty}^{\infty}[K(t+\tau,\,\lambda)]^2 dt\right\}$$ (3.52)

上式作为 $K(t_1,\lambda)$ 和 t_1 的函数。即，存在一个已知函数 $F(u,v)$，使得

$$\int_a^\lambda d\lambda\, \exp\left\{-\frac{1}{2}\int_{-\infty}^{\infty}[K(t+\tau,\,\lambda)]^2 dt\right\} = F[K(t_1,\,\lambda),\,t_1]$$

(3.53)

由于这个方程的左边不依赖于 t_1，我们可以把它写成 $G(\lambda)$，并且令

$$F[K(t_1,\,\lambda),\,t_1] = G(\lambda)$$ (3.54)

这里，F 是一个已知的函数，我们能够对它的第一个变量做转换，并且令

$$K(t_1, \lambda) = H[G(\lambda), t_1] \tag{3.55}$$

在其中它也是一个已知的函数。那么，

$$G(\lambda) = \int_a^\lambda d\lambda \, \exp\left(-\frac{1}{2}\int_{-\infty}^{\infty} \{H[G(\lambda), t + \tau]\}^2 dt\right) \tag{3.56}$$

于是，函数

$$\exp\left\{-\frac{1}{2}\int_{-\infty}^{\infty} [H(u, t)]^2 dt\right\} = R(u) \tag{3.57}$$

将是一个已知函数，并且

$$\frac{dG}{d\lambda} = R(G) \tag{3.58}$$

也即

$$\frac{dG}{R(G)} = d\lambda \tag{3.59}$$

或者

$$\lambda = \int \frac{dG}{R(G)} + 常数 = S(G) + 常数 \tag{3.60}$$

这个常数将由下式给出

$$G(a) = 0 \tag{3.61}$$

或者

$$a = S(0) + 常数 \qquad (3.62)$$

很容易看出，如果 a 是有限的，我们给它什么值都没有关系；因为如果我们给所有的 λ 值都加一个常数，我们的运算符是不变的。我们就可以使它为 0。我们就这样决定了 λ 作为 G 的函数，这样，G 作为 λ 的函数。因此，通过等式 3.55，我们确定了 $K(t, \lambda)$。为了完成表达式 3.46 的确定，我们只需要知道 b。然而，这可以通过比较下面二式来确定

$$\int_a^b d\lambda \, \exp\left\{ - \frac{1}{2} \int_{-\infty}^{\infty} [K(t, \lambda)]^2 dt \right\} \qquad (3.63)$$

与

$$\int_0^1 d\gamma \int_a^b d\lambda \, \exp\left[i \int_{-\infty}^{\infty} K(t, \lambda) d\xi(t, \gamma) \right] \qquad (3.64)$$

因此，在某些有待明确表述的情况下，如果一个时间序列可以写成表达式 3.46 的形式，并且我们也知道 $\xi(t, \gamma)$，除了在 a、λ 和 b 上加上一个待定常数之外，我们就可以确定表达式 3.46 中的函数 $K(t, \lambda)$ 以及数字 a 和 b。如果 $b = +\infty$，我们没有额外的困难，并且不难将推理扩展到 $a = -\infty$ 的情况。当然，对于结果不是单值时的反函数的反问题，以及展开式有效性的一般条件，还有许多工作要做。尽管如此，我们至少在解决将一大类时间序列简化为规范形式的问题上迈出了第一步，这对于预测理论和信息度量理论的具体形式化应用是最重要的，

正如我们在本章前面所概述的。

对于时间序列理论，这种方法还有一个明显的局限性我们需要克服，那就是我们必须知道 $\xi(t, \gamma)$ 以及我们以表达式 3.46 的形式展开的时间序列。问题是：在什么情况下，我们可以把已知统计参数的时间序列表示为布朗运动所决定的；或者至少作为布朗运动所决定的时间序列的某种意义上的极限？我们应该把自己限制在具有度量传递性的时间序列中，并且具有更强的度量传递性性质，即如果我们取固定长度的时间间隔，但时间间隔很遥远，则当时间间隔彼此后退远离时，时间序列中各段的任何泛函的分布都趋于独立。[1]本文所要发展的理论已由作者勾勒出来。

如果是一个足够连续的函数，有可能证明下式的零点

$$\int_{-\infty}^{\infty} K(t + \tau) d\xi(\tau, \gamma) \qquad (3.65)$$

几乎总是有一个确定的密度（根据 M. 高的一个定理），并且通过适当地选择 K，这个密度可以达到我们所希望的最大值。选择 K_D，使密度为 D，那么从 $-\infty$ 到 $+\infty$，$\int_{-\infty}^{\infty} K_D(t + \tau) d\xi(\tau, \gamma)$ 的系列零点将被称为 $Z_n(D, \gamma)$，$-\infty < n < \infty$。当然，在计算这些零点时，除了一个加法常整数外，n 是确定的。

现在，让 $T(t, \mu)$ 是连续变量 t 的任意时间序列，而 μ 是时间序

列的分布参数,在(0,1)上均匀变化。那么令

$$T_D(t, \mu, \gamma) = T[t - Z_n(D, \gamma), \mu] \qquad (3.66)$$

式中,Z_n取的是刚刚在t之前的值。可以看出,对于x的任何有限值集$t_1, t_2, ..., t_v$,同时分布函数$T_D(t_\kappa, \mu, \gamma)$($\kappa = 1, 2, ..., v$)将趋近同时分布函数$T(t_\kappa, \mu)$,对于相同的$t_\kappa$,当$D \to \infty$对于几乎每个$\mu$值。然而,$T_D(t, \mu, \gamma)$完全由$t, \mu, D$和$\xi(t, \gamma)$决定。因此,可以尝试对于给定的$D$和$\mu$表示$T_D(t, \mu, \gamma)$,或者直接以表达式3.46的形式,或者以某种方式或另一种表示为时间序列,其分布是这种形式的分布的极限(在刚给出的松散意义上)。

必须承认的是,这是一个今后要实施的方案,而不是我们可以认为已经完成的方案。

79

然而,在作者看来,正是这个程序方案为合理、一致地处理与非线性预测、非线性滤波、非线性情况下信息传输的评估以及稠密气体和湍流理论有关的许多问题提供了最好的希望。通信工程面临的最紧迫的问题,也许就在这些问题中。

现在让我们来讨论方程3.34形式的时间序列的预测问题。我们看到时间序列唯一独立的统计参数是$\Phi(t)$,如式3.35所示;这意味着与$K(t)$相关的唯一有效量为

$$\int_{-\infty}^{\infty} K(s)K(s + t)\,ds \qquad (3.67)$$

这里，K 当然是实数。

我们令

$$K(s) = \int_{-\infty}^{\infty} k(\omega) e^{-i\omega s} d\omega \qquad (3.68)$$

使用了一次傅里叶变换。知道了 $K(s)$ 就是知道了 $K(\omega)$，反过来也一样。于是

$$\frac{1}{2\pi}\int_{-\infty}^{\infty} K(s)K(s+\tau)ds = \int_{-\infty}^{\infty} K(\omega)k(-\omega)e^{i\omega\tau}d\omega \qquad (3.69)$$

这样，关于 $\Phi(\tau)$ 的知识与关于 $K(\omega)K(-\omega)$ 的知识等同。然而，因为 $K(s)$ 是实数，

$$K(s) = \int_{-\infty}^{\infty} \overline{k(\omega)} e^{-i\omega s} d\omega \qquad (3.70)$$

因此 $K(\omega) = K(-\omega)$。这样，$|k(\omega)|^2$ 是一个已知函数，这意味着 $\log|k(\omega)|$ 的实部是一个已知函数。

如果我们写下

$$F(\omega) = \mathscr{R}\{\log[k(\omega)]\} \qquad (3.71)$$

那么 $K(s)$ 的确定等效于确定 $\log k(\omega)$ 的虚部。这个问题不是确定的，除非我们对 $k(\omega)$ 作进一步的限制。我们将提出的限制类型是，

$\log k(s)$ 是解析的, 并且在上半平面中 ω 的增长率足够小。为了作出这种限制, $k(\omega)$ 和 $[k(\omega)]^{-1}$ 将被假定在实轴上具有代数增长。那么 $[F(\omega)]^2$ 将是偶数且至多是对数无穷大, 并且下式的柯西主值

$$G(\omega) = \frac{1}{\pi}\int_{-\infty}^{\infty}\frac{F(u)}{u-\omega}du \qquad (3.72)$$

将存在。式 3.72 所示的变换称为希尔伯特变换, 将 $\cos\lambda\omega$ 变为 $\sin\lambda\omega$, $\sin\lambda\omega$ 变为 $-\cos\lambda\omega$。因此 $F(\omega)+iG(\omega)$ 是具有下列形式的函数

$$\int_0^{\infty} e^{i\lambda\omega}d[M(\lambda)] \qquad (3.73)$$

并且在下半平面满足关于 $\log|k(\omega)|$ 所要求的条件。如果我们现在令

$$k(\omega) = \exp[F(\omega)+iG(\omega)] \qquad (3.74)$$

可以证明, $k(\omega)$ 是一个函数, 其在非常一般的条件下, 使得如等式 3.68 中所定义的 $k(s)$, 对于所有的负变元都变成零。因此

$$f(i,\gamma) = \int_{-t}^{\infty}K(t+\tau)d\xi(\tau,\gamma) \qquad (3.75)$$

另一方面, 能够证明我们可以把 $1/k(\omega)$ 写成以下的形式

$$\lim_{n\to\infty}\int_0^{\infty} e^{i\lambda\omega}dN_n(\lambda) \qquad (3.76)$$

其中 N_n 将适当地决定; 而这能够这样来实现

$$\xi(\tau,\ \gamma) = \lim_{n\to\infty}\int_0^\tau dt \int_{-t}^\infty Q_n(t+\sigma)f(\sigma,\ \gamma)\ d\sigma \qquad (3.77)$$

这里 Q_n 必须具有这样的正规的性质

$$f(t,\ \gamma) = \lim_{n\to\infty}\int_{-t}^\infty K(t+\tau)d\tau \int_{-\tau}^\infty Q_n(\tau+\sigma)f(\sigma,\ \gamma)d\sigma \qquad (3.78)$$

一般来说，我们将有

81

$$\psi(t) = \lim_{n\to\infty}\int_{-t}^\infty K(t+\tau)d\tau \int_{-\tau}^\infty Q_n(\tau+\sigma)\psi(\sigma)d\sigma \qquad (3.79)$$

或者如果我们写下（如3.68式）

$$K(s) = \int_{-\infty}^\infty k(\omega)e^{i\omega s}d\omega$$
$$Q_n(s) = \int_{-\infty}^\infty q_n(\omega)e^{i\omega s}d\omega$$
$$\psi(s) = \int_{-\infty}^\infty \psi(\omega)e^{i\omega s}d\omega \qquad (3.80)$$

那么

$$\Psi(\omega) = \lim_{n\to\infty}(2\pi)^{\frac{3}{2}}\Psi(\omega)q_n(-\omega)k(\omega) \qquad (3.81)$$

这样

$$\lim_{n\to\infty}q_n(-\omega) = \frac{1}{(2\pi)^{\frac{3}{2}}k(\omega)} \qquad (3.82)$$

我们将发现这个结果有助于把预测算子变成一个关于频率而不

是时间的形式。

因此，$\xi(t, \gamma)$的过去和现在，或准确说"微分"$d\xi(t, \gamma)$的过去和现在，决定了$f(t, \gamma)$的过去和现在，反之亦然。

那么，如果$A > 0$，

$$f(t + A, \gamma) = \int_{-t-A}^{\infty} K(t + A + \tau) d\xi(\tau, \gamma)$$
$$= \int_{-t-A}^{-t} K(t + A + \tau) d\xi(\tau, \gamma)$$
$$+ \int_{-t}^{\infty} K(t + A + \tau) d\xi(\tau, \gamma)$$

（3.83）

这里，最后一个表达式的第一项取决于一个范围的$d\xi(t, \gamma)$，关于它$f(\sigma, \gamma)\sigma \leq t$的知识并没有告诉我们什么，并且完全独立于第二项。其均方值为

$$\int_{-t-A}^{t} [K(t + A + \tau)]^2 d\tau = \int_0^A [K(\tau)]^2 d\tau$$

（3.84）

而这告诉了我们所有需知道的关于它的统计信息，可以证明为具有此均方值的高斯分布，这是$f(t + A, \gamma)$的最佳可能预测的误差。

最佳可能预测本身是公式3.83的最后一项，

$$\int_{-t}^{\infty} K(t + A + \tau) d\xi(\tau, \gamma)$$
$$= \lim_{n \to \infty} \int_{-t}^{\infty} K(t + A + \tau) d\tau \int_{-\tau}^{\infty} Q_n(\tau + \sigma) f(\sigma, \gamma) d\sigma$$

（3.85）

如果我们令

$$k_A(\omega) = \frac{1}{2\pi} \int_0^\infty K(t+A) e^{-i\omega t} dt \qquad (3.86)$$

并且我们将3.85式的算子应用于 $e^{i\omega t}$，得到

$$\lim_{n \to \infty} \int_{-t}^\infty K(t+A+\tau) d\tau \int_{-\tau}^\infty Q_n(\tau+\sigma) e^{i\omega\sigma} d\sigma = A(\omega) e^{i\omega t} \quad (3.87)$$

我们将发现（就像在3.81式那样）

$$\begin{aligned}
A(\omega) &= \lim_{n \to \infty} (2\pi)^{\frac{3}{2}} q_n(-\omega) k_A(\omega) \\
&= k_A(\omega) / k(\omega) \\
&= \frac{1}{2\pi k(\omega)} \int_A^\infty e^{-i\omega(t-A)} dt \int_{-\infty}^\infty k(u) e^{iut} du \qquad (3.88)
\end{aligned}$$

这就是最佳预测算子的频率形式。

　　时间序列（如公式3.34）的滤波问题与预测问题密切相关。设我们的消息加上噪音具有如下的形式

$$m(t) + n(t) = \int_0^\infty K(\tau) d\xi(t-\tau, \gamma) \qquad (3.89)$$

而令消息具有如下形式

$$m(t) = \int_{-\infty}^\infty Q(\tau) d\xi(t-\tau, \gamma) + \int_{-\infty}^\infty R(\tau) d\xi(t-\tau, \delta)$$
$$(3.90)$$

其中 γ 和 δ 独立地分布在（0，1）上。于是 $m(t+a)$ 的可预测部分很清楚就是

$$\int_0^\infty Q(\tau + a) d\xi(t - \tau, \gamma) \qquad (3.901)$$

而预测的均方误差是

$$\int_{-\infty}^a [Q(\tau)]^2 d\tau + \int_{-\infty}^\infty [R(\tau)]^2 d\tau \qquad (3.902)$$

接下来，我们假定知道以下这些量：

$$
\begin{aligned}
\phi_{22}(t) &= \int_0^1 d\gamma \int_0^1 d\delta \ n(t + \tau) n(\tau) \\
&= \int_{-\infty}^\infty [K(|t| + \tau) - Q(|t| + \tau)] [K(\tau) - Q(\tau)] \, d\tau \\
&= \int_0^\infty [K(|t| + \tau) - Q(|t| + \tau)] [K(\tau) - Q(\tau)] \, d\tau \\
&\quad + \int_{-|t|}^0 [K(|t| + \tau) - Q(|t| + \tau)] [-Q(\tau)] \, d\tau \\
&\quad + \int_{-\infty}^{-|t|} Q(|t| + \tau) Q(\tau) d\tau + \int_{-\infty}^\infty R(|t| + \tau) R(\tau) d\tau \\
&= \int_0^\infty K(|t| + \tau) K(\tau) d\tau - \int_{-|t|}^\infty K(|t| + \tau) Q(\tau) d\tau \\
&\quad + \int_{-\infty}^\infty Q(|t| + \tau) Q(\tau) d\tau + \int_{-\infty}^\infty R(|t| + \tau) R(\tau) d\tau
\end{aligned}
$$

$$(3.903)$$

$$
\begin{aligned}
\phi_{11}(\tau) &= \int_0^1 d\gamma \int_0^1 d\delta \ m(|t| + \tau) m(\tau) \\
&= \int_{-\infty}^\infty Q(|t| + \tau) Q(\tau) d\tau + \int_{-\infty}^\infty R(|t| + \tau) R(\tau) d\tau
\end{aligned}
$$

$$(3.904)$$

$$\phi_{12}(\tau) = \int_0^1 d\gamma \int_0^1 d\delta \ m(t+\tau)n(\tau)$$

$$= \int_0^1 d\gamma \int_0^1 d\delta \ m(t+\tau)[m(\tau)+n(\tau)] - \phi_{11}(\tau)$$

$$= \int_0^1 d\gamma \int_{-t}^{\infty} K(\sigma+t)d\xi(\tau-\sigma,\gamma)\int_{-t}^{\infty} Q(\tau)d\xi(\tau-\sigma,\gamma) - \phi_{11}(\tau)$$

$$= \int_{-t}^{\infty} K(t+\tau)Q(\tau)d\tau - \phi_{11}(\tau)$$

$$(3.905)$$

84　这三个量的傅里叶变换分别是

$$\left.\begin{array}{l}\Phi_{22}(\omega) = |k(\omega)|^2 + |q(\omega)|^2 - q(\omega)\overline{k(\omega)} \\ \qquad\qquad - k(\omega)\overline{q(\omega)} + |r(\omega)|^2 \\ \Phi_{11}(\omega) = |q(\omega)|^2 + |r(\omega)|^2 \\ \Phi_{12}(\omega) = k(\omega)\overline{q(\omega)} - |q(\omega)|^2 - |r(\omega)|\end{array}\right\} \quad (3.906)$$

其中

$$\left.\begin{array}{l}k(\omega) = \dfrac{1}{2\pi}\displaystyle\int_0^{\infty} K(s)e^{-i\omega s}ds \\ q(\omega) = \dfrac{1}{2\pi}\displaystyle\int_{-\infty}^{\infty} \overline{Q(s)}e^{-i\omega s}ds \\ r(\omega) = \dfrac{1}{2\pi}\displaystyle\int_{-\infty}^{\infty} R(s)e^{-i\omega s}ds\end{array}\right\} \quad (3.907)$$

即

$$\Phi_{11}(\omega) + \Phi_{12}(\omega) + \overline{\Phi_{12}(\omega)} + \overline{\Phi_{22}(\omega)} = |k(\omega)|^2 \quad (3.908)$$

以及

$$q(\omega)\,\overline{k(\omega)}\,=\,\Phi_{11}(\omega)\,+\,\Phi_{21}(\omega) \qquad (3.909)$$

其中根据对称性，我们写出 $\Phi_{21}(\omega)=\overline{\Phi_{12}(\omega)}$。我们现在能够从（3.908）决定 $k(\omega)$，就像前面我们在3.74式的基础上决定 $k(\omega)$ 一样。在这里我们令 $\Phi(t)$ 为 $\Phi_{11}(t)+\Phi_{22}(t)+2\mathscr{R}[\Phi_{12}(t)]$，这将给我们

$$q(\omega)\,=\,\frac{\Phi_{11}(\omega)\,+\,\Phi_{21}(\omega)}{\overline{k(\omega)}} \qquad (3.910)$$

因此

$$Q(t)\,=\,\int_{-\infty}^{\infty}\frac{\Phi_{11}(\omega)\,+\,\Phi_{21}(\omega)}{\overline{k(\omega)}}\,e^{i\omega t}d\omega \qquad (3.911)$$

这样，$m(t)$ 在最小均方误差下的最优估计为

$$\int_{0}^{\infty}d\xi(t-\tau,\,\gamma)\int_{-\infty}^{\infty}\frac{\Phi_{11}(\omega)\,+\,\Phi_{21}(\omega)}{\overline{k(\omega)}}\,e^{i\omega(t+a)}d\omega \qquad (3.912)$$

结合公式3.89，使用一个类似于我们得到公式3.88的论证，我们看到作用在 $m(t)+n(t)$ 上的算符（由它我们得到 $m(t+a)$ 的"最佳"表示），如果我们把它写在频率标度上，是，

85

$$\frac{1}{2\pi k(\omega)}\int_{a}^{\infty}e^{-i\omega(t-a)}dt\int_{-\infty}^{\infty}\frac{\Phi_{11}(u)\,+\,\Phi_{21}(u)}{\overline{k(u)}}\,e^{iut}du \qquad (3.913)$$

这个算符构成了电气工程师所称为的滤波器的特征算符。数量 a 是滤波器的滞后。它可以是正的，也可以是负；当它是负的时，$-a$

被称为超前。与表达式3.913相对应的装置总是可以造得随我们喜欢的那么精确。它的构造细节更适合于电气工程专家，而不是本书的读者，可以在别处找到。[1]

均方滤波误差（表达式3.902）可表示为无限滞后的均方滤波误差之和：

$$\int_{-\infty}^{\infty} [R(\tau)]^2 d\tau = \Phi_{11}(0) - \int_{-\infty}^{\infty} [Q(\tau)]^2 d\tau$$

$$= \frac{1}{2\pi}\int_{-\infty}^{\infty} \Phi_{11}(\omega)d\omega - \frac{1}{2\pi}\int_{-\infty}^{\infty} \left| \frac{\Phi_{11}(\omega) + \Phi_{21}(\omega)}{\overline{k(\omega)}} \right|^2 d\omega$$

$$= \frac{1}{2\pi}\int_{-\infty}^{\infty} \left[\Phi_{11}(\omega) - \frac{|\Phi_{11}(\omega) + \Phi_{21}(\omega)|^2}{\Phi_{11}(\omega) + \Phi_{12}(\omega) + \Phi_{21}(\omega) + \Phi_{22}(\omega)} \right] d\omega$$

$$= \frac{1}{2\pi}\int_{-\infty}^{\infty} \frac{\begin{vmatrix} \Phi_{11}(\omega) & \Phi_{12}(\omega) \\ \Phi_{21}(\omega) & \Phi_{22}(\omega) \end{vmatrix}}{\Phi_{11}(\omega) + \Phi_{12}(\omega) + \Phi_{21}(\omega) + \Phi_{22}(\omega)} d\omega \tag{3.914}$$

以及一个依赖于滞后的部分：

$$\int_{-\infty}^{a} [Q(\tau)]^2 dt = \int_{-\infty}^{a} dt \left| \int_{-\infty}^{\infty} \frac{\Phi_{11}(\omega) + \Phi_{21}(\omega)}{\overline{k(\omega)}} e^{i\omega t} d\omega \right|^2 \tag{3.915}$$

可以看出，滤波的均方误差是滞后的单调递减函数。

另一个有趣的来自于布朗运动的消息和噪声的问题是，信息的

---

1. 我们特别指出 Y. W. 李博士最近的论文。

传输速率问题。为了简单起见，让我们考虑消息和噪声不相干的情况，即当

$$\Phi_{12}(\omega) \equiv \Phi_{21}(\omega) \equiv 0 \qquad (3.916)$$

在这种情况下，让我们考虑

$$\left.\begin{array}{l} m(t) = \displaystyle\int_{-\infty}^{\infty} M(\tau)\,d\xi(t-\tau,\ \gamma) \\[2mm] n(t) = \displaystyle\int_{-\infty}^{\infty} N(\tau)\,d\xi(t-\tau,\ \delta) \end{array}\right\} \qquad (3.917)$$

其中γ和δ是独立分布的。假设我们在$(-A, A)$上知道$m(t)+n(t)$；关于$m(t)$我们有多少信息？请注意，从启发性我们应该期望，它与关于下式的信息量不会有很大的不同

$$\int_{-A}^{A} M(\tau)\,d\xi(t-\tau,\ \gamma) \qquad (3.918)$$

我们有这个量，当我们知道下式的所有的值时

$$\int_{-A}^{A} M(\tau)\,d\xi(t-\tau,\ \gamma) + \int_{-A}^{A} N(\tau)\,d\xi(t-\tau,\ \delta) \qquad (3.919)$$

其中γ和δ具有独立的分布。然而，可以证明表达式3.918的第n个傅里叶系数具有独立于所有其他傅里叶系数的高斯分布，并且其均方值正比于

$$\left| \int_{-A}^{A} M(\tau)\exp\left(i\,\frac{\pi n\tau}{A}\right)\,d\tau \right|^{2} \qquad (3.920)$$

这样，根据3.09式，关于M的可获得的总信息量是

$$\sum_{n=-\infty}^{\infty} \frac{1}{2} \log_2 \frac{\left| \int_{-A}^{A} M(\tau) \exp\left(i\frac{\pi n\tau}{A}\right) d\tau \right|^2 + \left| \int_{-A}^{A} N(\tau) \exp\left(i\frac{\pi n\tau}{A}\right) d\tau \right|^2}{\left| \int_{-A}^{A} N(\tau) \exp\left(i\frac{\pi n\tau}{A}\right) d\tau \right|^2}$$

（3.921）

而通讯的时间能量密度是这个量除以$2A$。如果现在$A \to \infty$，式3.921逼近

$$\frac{1}{2\pi} \int_{-\infty}^{\infty} du \log_2 \frac{\left| \int_{-\infty}^{\infty} M(\tau) \exp iu\tau \, d\tau \right|^2 + \left| \int_{-\infty}^{\infty} N(\tau) \exp iu\tau \, d\tau \right|^2}{\left| \int_{-\infty}^{\infty} N(\tau) \exp iu\tau \, d\tau \right|^2}$$

（3.922）

这正是作者和香农在这个案例中已经得到的信息传输速率的结果。正如将看到的，它不仅取决于可用于传输消息的频带宽度，而且还取决于噪声电平。事实上，它与用来测量某个人听力和听力损失的听力图有着密切的关系。这里的横坐标是频率，下边界的纵坐标是可听强度阈值的对数——我们可以称之为接收系统内部噪声强度的对数——上边界是系统适合处理的最大信息强度的对数。它们之间的面积，一个表达式3.922的尺度的量，于是用作耳朵能够胜任处理的信息传输速率的度量。

关于信息线性地依赖于布朗运动的理论有许多重要的变体。关键公式是方程式3.88和3.914以及表达式3.922，当然一起还有解释这些的必要定义。这个理论有许多变体。首先：在消息和噪声代表线性

谐振器对布朗运动的响应的情况下，该理论为我们提供了预测器和滤波器的最佳设计；但在更一般的情况下，它们代表了预测器和滤波器的一种可能的设计。这将不是一个绝对最佳的设计，但它将使预测和滤波的均方误差最小化，因为这可以通过执行线性运算的设备来实现。然而，通常会有一些非线性装置，其性能还优于任何线性装置。

其次，这里的时间序列是简单的时间序列，其中一个数值变量取决于时间。还有多时间序列，其中许多这样的变量同时依赖于时间；正是这些时间序列在经济学、气象学等方面具有最大的重要性。每天拍摄的美国完整的天气图构成了这样一个时间序列。在这种情况下，我们必须在频率上同时开发一些函数，以及如公式 3.35 的四次量，和公式 3.70 后面的参数 $|k(\omega)|^2$ 被成对量的数组（即矩阵）代替。在复数平面上满足某些辅助条件用 $|k(\omega)|^2$ 来确定 $k(\omega)$ 的问题变得更加困难，特别是因为矩阵的乘法不是可互换的运算。然而，这个多维理论所涉及的难题，至少部分，已经被克莱恩和作者解决了。

多维理论代表了那个已经给出的理论的一种复杂化。另一个密切相关的理论是它的一种简化。这是在离散时间序列中的预测、过滤和信息量的理论。这样的序列是一系列参数 α 的函数 $f_n(\alpha)$，其中 n 在从 $-\infty$ 到 ∞ 的所有整数值上取值。数量 α 与以前一样是分布参数，可以 88 在（0，1）上均匀取值。当 n 到 $n+v$（v 是一个整数）的变化等效于 α 运行的区间（0，1）上变到自身的保测度变换时，时间序列被称为处于统计平衡状态。

离散时间序列理论在许多方面比连续序列理论简单。举例来说，让它们依赖一系列独立的选择要容易得多。每个项（在混合情况下）都能够表示为前面项的组合，而有一个量独立于所有前面项，均匀分布在（0，1）上，然后这些独立因子的序列可以用来代替在连续情况下是如此重要的布朗运动。

如果 $f_n(\alpha)$ 是一个统计均衡的时间序列，并且它是测度量传递的，则它的自相关系数为

$$\phi_m = \int_0^1 f_m(\alpha) f_0(\alpha) \, d\alpha \qquad (3.923)$$

那么我们将有

$$\begin{aligned}
\phi_m &= \lim_{N \to \infty} \frac{1}{N+1} \sum_0^N f_{k+m}(\alpha) f_k(\alpha) \\
&= \lim_{N \to \infty} \frac{1}{N+1} \sum_0^N f_{-k+m}(\alpha) f_{-k}(\alpha)
\end{aligned} \qquad (3.924)$$

对于几乎所有的 α 都成立。我们设

$$\phi_n = \frac{1}{2\pi} \int_{-\pi}^{\pi} \Phi(\omega) e^{in\omega} \, d\omega \qquad (3.925)$$

或者

$$\Phi(\omega) = \sum_{-\infty}^{\infty} \phi_n e^{-in\omega} \qquad (3.926)$$

令

$$\frac{1}{2}\log \Phi(\omega) = \sum_{-\infty}^{\infty} p_n \cos n\omega \qquad (3.927)$$

同时令

$$G(\omega) = \frac{p_0}{2} + \sum_{1}^{\infty} p_n e^{in\omega} \qquad (3.928)$$

令

$$e^{G(\omega)} = k(\omega) \qquad (3.929)_{89}$$

那么在非常一般的条件下，如果 ω 是角，则 $k(\omega)$ 是单位圆内没有零点或奇点的函数的边界值。我们会有

$$|k(\omega)|^2 = \Phi(\omega) \qquad (3.930)$$

如果现在我们对 $fn(\alpha)$ 的具有超前 v 的最优线性预测写下

$$\sum_{0}^{\infty} f_{n-v}(\alpha) W_v \qquad (3.931)$$

我们将发现

$$\sum_{0}^{\infty} W_\mu e^{i\mu\omega} = \frac{1}{2\pi k(\omega)} \sum_{\mu=v}^{\infty} e^{i\omega(\mu-v)} \int_{-\pi}^{\pi} k(u) e^{-i\mu u} du \qquad (3.932)$$

这是 3.88 式的类似。我们注意到如果我们令

$$k_{\mu} = \frac{1}{2\pi}\int_{-\pi}^{\pi}k(u)e^{-i\mu u}du \tag{3.933}$$

那么

$$\sum_{0}^{\infty}W_{\mu}e^{i\mu\omega} = e^{-iv\omega}\frac{\displaystyle\sum_{v}^{\infty}k_{\mu}e^{i\mu\omega}}{\displaystyle\sum_{0}^{\infty}k_{\mu}e^{i\mu\omega}}$$

$$= e^{-iv\omega}\left(1 - \frac{\displaystyle\sum_{0}^{v-1}k_{\mu}e^{i\mu\omega}}{\displaystyle\sum_{0}^{\infty}k_{\mu}e^{i\mu\omega}}\right) \tag{3.934}$$

我们已经使用的导出 $k(w)$ 的方法将清楚地得出结果：在一组非常普遍的例子中，我们能够写下

$$\frac{1}{k(\omega)} = \sum_{0}^{\infty}q_{\mu}e^{i\mu\omega} \tag{3.935}$$

于是 3.934 式变成

$$\sum_{0}^{\infty}W_{\mu}e^{i\mu\omega} = e^{-iv\omega}\left(1 - \sum_{0}^{v-1}k_{\mu}e^{i\mu\omega}\sum_{0}^{\infty}q_{\lambda}e^{i\lambda\omega}\right) \tag{3.936}$$

90　特别，如果 $v = 1$，

$$\sum_{0}^{\infty}W_{u}e^{i\mu\omega} = e^{-i\omega}\left(1 - k_{0}\sum_{0}^{\infty}q_{\lambda}e^{i\lambda\omega}\right) \tag{3.937}$$

或者

$$W_\mu = -q_{\lambda+1}k_0 \qquad (3.938)$$

这样,对于向前迈一步的预测,$f_{n+1}(\alpha)$的最优值是

$$-k_0 \sum_0^\infty q_{\lambda+1}f_{n-\lambda}(\alpha) \qquad (3.939)$$

通过一步一步的预测过程,可以解决整个离散时间序列的线性预测问题。正如在连续的情况下,这将是使用任何方法的最佳可能预测,如果

$$f_n(\alpha) = \int_{-\infty}^\infty K(n-\tau)d\xi(\tau,\alpha) \qquad (3.940)$$

滤波问题从连续到离散情况的转换遵循几乎相同的论证,这时最佳滤波器频率特性的公式3.913的形式如下

$$\frac{1}{2\pi k(\omega)} \sum_{v=a}^\infty e^{-i\omega(v-a)} \int_{-\pi}^\pi \frac{[\Phi_{11}(u)+\Phi_{21}(u)]\,e^{iuv}du}{\overline{k(u)}} \qquad (3.941)$$

其中所有项的定义都与连续体相同,除了,ω或u上的所有积分都是从$-\pi$到π,而不是从$-\infty$到∞,v上的所有求和都是离散和,而不是t上的积分。离散时间序列的滤波器通常不是物理上可构造的器件与电路一起使用的,不像数学程序使统计学家可以使用统计学上不纯的数据获得最佳结果。

最后,通过离散时间序列的下列形式传递信息的速率

$$\int_{-\infty}^{\infty} M(n-\tau) d\xi(t, \gamma) \tag{3.942}$$

在以下噪声的伴随下

$$\int_{-\infty}^{\infty} N(n-\tau) d\xi(t, \delta) \tag{3.943}$$

当 γ 和 δ 是独立的时候，将与 3.922 式精确类似，即

$$\frac{1}{2\pi}\int_{-\pi}^{\pi} du \, \log_2 \frac{\left|\int_{-\infty}^{\infty} M(\tau)e^{iu\tau}d\tau\right|^2 + \left|\int_{-\infty}^{\infty} N(\tau)e^{iu\tau}d\tau\right|^2}{\left|\int_{-\infty}^{\infty} N(\tau)e^{iu\tau}d\tau\right|^2} \tag{3.944}$$

其中，在 $(-\pi, \pi)$，

$$\left|\int_{-\infty}^{\infty} M(\tau)e^{iu\tau}d\tau\right|^2 \tag{3.945}$$

代表消息在频率上的功率分布，而

$$\left|\int_{-\infty}^{\infty} N(\tau)e^{iu\tau}d\tau\right|^2 \tag{3.946}$$

是噪音在频率上的功率分布。

　　我们在这里发展的统计理论涉及到我们观察到的时间序列的过去的全部知识。在每一种情况下，我们都必须满足于较少的知识，因为我们的观察不会无限止地延伸到过去。超越这一点我们的理论发展，

作为一种实用的统计理论，涉及到对现有的抽样方法的扩展。作者和其他人在这方向已经有了一个开端。它涉及到所有的复杂性在一方面使用贝叶斯定律，另一方面，使用可能性理论中那些术语技巧，[1]这些术语技巧似乎避免了使用贝叶斯定律的必要性，但实际上却将使用贝叶斯定律的责任转移给了做工作的统计学家，或是最终运用其成果的人。同时，统计理论家非常诚实地说，他没有说过任何不完全严谨和无懈可击的话。

最后，本章将以现代量子力学的讨论结束。这些都代表了时间序列理论对现代物理学入侵的最高点。在牛顿物理学中，物理现象的顺序完全取决于它的过去，特别是在任何时刻所有位置和动量的确定。在完整的吉布斯理论中，如果对整个宇宙的多重时间序列有一个完美的确定，那么对任何一个时刻的所有位置和动量的了解都将决定整个未来。正是因为这些被忽略的，没有观测到的坐标和动量，我们实际工作的时间序列才具有我们在本章中熟悉的，在布朗运动导出的时间序列的情况下那种混合性质。海森堡对物理学的巨大贡献是，用一个世界来代替吉布斯这个仍然是准牛顿的世界，在这个新世界里，时间序列决不能简化为时间发展的决定性的线程的集合。在量子力学中，单个系统的整个过去并不以任何绝对的方式决定该系统的未来，而仅仅是该系统未来可能的分布。古典物理学对一个系统的整个过程的知识所要求的量不是同时可观测的，除非是以一种松散和近似的方式，尽管如此，在实验证明是适用的精度范围内，它对于古典物理学的需要是足够精确的。动量的观测条件和它相应的位置是不相容的。为了

92

---

1. 请看 R. A. 费舍尔和 J. 冯·诺依曼的著作。

尽可能精确地观察一个系统的位置，我们必须用光波或电子波或类似的高分辨率或短波长的方法来观察它。然而，光的粒子作用仅取决于其频率，用高频光照射物体意味着使物体受到动量的变化，动量随频率的增加而增加。另一方面，正是低频光使它所照射的粒子的动量变化最小，而这并没有足够的分辨率来给出位置的清晰指示。光的中间频率给出了位置和动量的模糊描述。总的来说，没有一套可以想象的观测数据能够给我们提供足够的关于一个系统过去的信息，从而给我们关于它未来的完整信息。

　　然而，就像时间序列的所有集合一样，我们在这里发展的信息量理论是适用的，因此熵理论也是适用的。然而，由于我们现在处理的是具有混合特性的时间序列，即使我们的数据尽可能完整，我们发现我们的系统没有绝对的势垒，并且随着时间的推移，系统的任何状态都可以并且将把自己转换成任何其他状态。然而，从长远来看，这种可能性取决于这两种状态的相对概率或测度。结果证明，对于那些可以通过大量变换转化为自身的态，对于那些用量子理论家的语言来说，具有高内部共振或高量子简并度的态，这一可能性尤其高。苯环就是一个例子，因为这两种状态是等价的。这表明，在一个

93　系统中，各种构建块可能以各种方式紧密结合在一起，比如氨基酸混合物将自身组织成蛋白质链，其中许多链是相似的，并经历了彼此密切联系的阶段，这种情况可能比它们不同的情况更稳定。霍尔丹以一种试探性的方式提出，这可能是基因和病毒自我繁殖的方式；尽管他

没有以任何类似的结论来断言他的这一建议，但我认为没有理由不把它作为一种试探性的假设来保留。正如霍尔丹本人所指出的那样，由于量子理论中没有任何单个粒子具有完全鲜明的个性，因此在这种情况下，不可能说，在以这种方式自我复制的基因的两个例子中，哪一个是主人模式，哪一个是拷贝。

大家知道这一相同的共振现象经常出现在生物中。圣·乔吉提出了它在肌肉建构中的重要性。具有高共振的物质通常具有储存能量和信息的异常能力，这种储存肯定发生在肌肉收缩时。

再者，与生殖有关的同样现象可能与在生物体内发现的化学物质的超常的特异性有关，不仅在不同物种之间，甚至在一个物种的个体内部。这些考虑在免疫学中可能非常重要。94

第 4 章
反馈与振荡

　　一个病人进了神经科诊所。他没有瘫痪，他接到指令后可以活动腿。尽管如此，他还是有严重的残疾。他走路的步态特别不稳，眼睛朝下盯着地面和腿。他每走一步都要踢一脚，连续地交替把腿挪到前面。如果蒙上眼睛，他就站不起来，摇摇晃晃地倒在地上。他怎么了？

　　另一个病人进来了。当他坐在椅子上休息时，他似乎没有什么毛病。然而，给他一支烟，他就会挥手但是越过了烟，试图拿到它。接下来是同样徒劳的另一个方向的摆动手，还有第三次摆回来，直到他的动作变成徒劳的剧烈摆动。给他一杯水，他会在把水送到嘴边之前，在这些摆动中把水倒空。他怎么了？

　　这两个病人都患有某种形式的共济失调。他们的肌肉足够强壮健康，但他们无法组织他们的行动。第一个病人患有脊髓痨。由于梅毒的后遗症，脊髓中通常接受感觉的部分已经被损坏或破坏。如果传入的消息没有完全消失，则会变得迟钝。他的脚的关节、肌腱、肌肉和脚底的受体通常向他传达腿部的位置和运动状态，现在不传输中枢神经系统能接收和传递的任何消息，而关于他的姿势，他必须信赖他的眼睛和内耳的平衡器官。用生理学家的术语来说，他已经失去了本体感觉或动觉的一个重要部分。

第二个病人没有失去任何本体感觉。他的伤在其他地方，在小脑，他正遭受所谓的小脑震颤或者目的性震颤。小脑似乎有某种功能可以将肌肉对本体感觉输入的反应按比例分配，如果这种比例分配受到干扰，震颤可能是结果之一。

因此，我们看到，要对外部世界采取有效行动，我们不仅必须拥有良好的执行机构，而且还必须能适当地监测这些执行机构传回中枢神经系统的表现，并将这些监测器的读数与来自感觉器官的其他信息适当地结合起来，以产生一个适当比例分配的结果输出到执行机构。在机械系统中也有相当类似的情况。让我们考虑一下铁路上的信号塔。信号员控制许多操纵杆，这些操纵杆打开或关闭信号机的信号，并调节开关的设置。然而，他不能盲目地认为信号和开关都遵循了他的命令。可能是开关冻结得很快，或者一堆雪的重量使信号臂弯曲，他所认为的开关和信号的实际状态——他的执行机构——与他给出的命令不符。为了避免这种意外事件中固有的危险，每个执行机构、开关或信号都连接到信号塔内的信号装置上，向信号员传达其实际状态和效果。这在机械上等效于在海军中重复命令，根据一个守则，每一个下属在接到命令后，必须向上级重复命令，以表明他已经听到并理解了命令。信号员必须根据如此反复的命令采取行动。

请注意，在这个系统中，在信息的传递和返回的链条中有一个人类的环节：在我们从现在起称之为反馈的链条。的确，信号员并不是一个完全自由的人；他的开关和信号是相互锁定的，无论是机械的还是电气的，他不能自由选择一些更具灾难性的组合。然而，存在着没有人为因素干预的反馈链。我们用来调节房屋供暖的普通恒温器就是其中之一。有一个所需室温的设定值；如果房子的实际温度低于这个值，就会启动一个装置，打开风门，或增加燃油流量，使房子的温度达到所需的水平。另一方面，如果室内温度超过所需的水平，则关闭风门，或者燃油流动减缓或中断。这样房子的温度就保持在一个稳定的水平。注意，这个水平的恒定性取决于恒温器的良好设计，而一个设计不好的恒温器可能会使室内温度剧烈波动，这与患有小脑震颤的人的动作没有什么不同。

　　纯机械反馈系统的另一个例子是蒸汽机的调节器，它在变化的负载条件下调节速度，这个系统最初是由克拉克·麦克斯韦处理的。在瓦特最初设计的形式中，它由两个球组成，两个球连接在摆杆上，并在转轴的两侧摆动。它们被自身重量或弹簧压下，并被依赖于轴角速度的离心作用向上摆动。因此，它们采取一个折衷的位置，其同样取决于角速度。这个位置由其他杆传递到轴周围的轴环上，轴环驱动一个构件，当发动机减速和钢球下降时，该构件用于打开气缸的进气阀门，当发动机加速和钢球上升时，该构件用于关闭进气门。注意，反馈的倾向与系统已经在做的事情相反，因此是负的。

　　因此，我们有了负反馈稳定温度和负反馈稳定速度的例子。也有负反馈用来稳定位置，例如船舶的舵机，由舵轮位置和方向舵位置之间的角度差驱动，并始终使方向舵的位置与舵轮的位置一致。自发活动的反馈就是这种性质的。我们不发起某些肌肉的运动，事实上，我们通常也不知道要运动哪些肌肉来完成一项给定的任务；比如说，我们会拿起一支香烟。我们的动作是通过测量尚未完成的量来调节的。

反馈给控制中心的信息倾向于反对受控对象偏离控制量，但它可能在很大范围不同的方式上依赖于这种偏离。最简单的控制系统是线性的：执行机构的输出是输入中的线性表达式，当我们增加输入时，我们也增加了输出。

97

输出由某些同样是线性的仪器读取。这个读数仅仅是从输入中减去。我们希望对这样一个装置的性能，特别是它的缺陷行为，以及它在处理不当或过载时发生的振荡，给出一个精确的理论。

在这本书中，我们尽量避免数学符号和数学技巧，尽管我们在不同的地方被迫与它们妥协，特别是在前一章。同样，在这里，在本章的其余部分，我们正在应付这件事情，这里数学符号是恰当语言，要避免它我们只能通过外行难以理解的冗长的拐弯抹角的说法，而这些说法只有熟悉数学符号学的读者才能理解，他通过自己的能力把它们翻译为数学符号。我们能做的最好的妥协就是用充分的口头解释来补充数学符号。

设 $f(t)$ 是时间 t 的函数，其中 t 从 $-\infty$ 到 ∞；也就是说，设 $f(t)$ 是一个量，对于每个时间 t 都有一个数值。在任何时间 t，当 s 小于或等于 t 时，我们都可以得到量 $f(s)$，但当 s 大于 t 时，我们就不能得到量 $f(s)$。有一些电器和机械装置，它们的输入延迟了一个固定的时间，对于输入 $f(t)$，为我们产生输出 $f(t-\tau)$，其中 τ 是固定延迟。

　　我们可以把这种机器的几个装置组合起来，为我们产生输出 $f(t-\tau_1)$, $f(t-\tau_2)$, ..., $f(t-\tau_n)$。我们可以将这些输出中的每一个乘以固定的数，正的或负的。例如，我们可以用一个电位器将一个电压乘以一个小于I的固定正数，而设计自动平衡器件和放大器将一个电压乘以一个负的或大于I的量也不是太困难。而构造简单的电路布线图也不是很困难，我们可以用这个电路来不断地迭加电压，那么借助这些我们可以得到输出

$$\sum_{1}^{n} a_k f(t-\tau_k) \tag{4.01}$$

通过增加延迟 τ_k 的数目，并适当地调整系数 a_k，我们可以尽可能接近地输出以下形式

$$\int_{0}^{\infty} a(\tau) f(t-\tau) d\tau \tag{4.02}$$

98　　在这个表达式中，重要的是要认识到这样一个事实：我们是从0到∞积分，而不是从−∞到∞积分。否则的话，我们可以使用各种实际的器件对这个结果进行运算，得到 $f(t+\sigma)$，其中 σ 为正。然而，这一点，涉及到 $f(t)$ 的未来的知识；$f(t)$ 可以是像有轨电车的脚踏电门一样的一个量，它可能以一种方式或另一种关闭一个开关，这不是由它的过去决定的。当一个物理过程似乎给我们产生一个算符，把 $f(t)$ 转换成

$$\int_{-\infty}^{\infty} a(\tau) f(t-\tau) d\tau \tag{4.03}$$

其中 $a(\tau)$ 对于 τ 的负值不能有效地消失，这意味着我们不再拥有一个作用于 $f(t)$ 上的，由其过去唯一确定的真算子。在某些物理情况下，这是可能发生的。例如，一个没有输入的动力系统可能进入永久振荡，甚至振荡到无穷大，振幅是不确定的。在这种情况下，系统的未来不是由过去决定的，我们可能会在表面上找到一种形式，建议一个依赖于未来的算符。

我们从 $f(t)$ 得到表达式4.02的运算有两个进一步的重要性质：（1）它独立于时间原点的移动，（2）它是线性的。第一个属性表述为，如果

$$g(t) = \int_0^\infty \alpha(\tau)f(t-\tau)\,d\tau \qquad (4.04)$$

那么

$$g(t+\sigma) = \int_0^\infty \alpha(\tau)f(t+\sigma-\tau)\,d\tau \qquad (4.05)$$

第二个性质表述为，如果

$$g(t) = Af_1(t) + Bf_2(t) \qquad (4.06)$$

那么

$$\int_0^\infty a(\tau)g(t-\tau)\,d\tau$$
$$= A\int_0^\infty a(\tau)f_1(t-\tau)\,d\tau + B\int_0^\infty a(\tau)f_2(t-\tau)\,d\tau \qquad (4.07)$$

可以证明，在适当的意义上，作用在 $f(t)$ 的过去的每一个算符是线性的，并且对于时间原点的移动具有不变性，它要么具有表达式 4.02 的形式，要么是该形式的算符序列的极限。

例如，$f'(t)$ 是具有这些性质的运算符应用于 $f(t)$ 时的结果，并且

$$f'(t) = \lim_{\epsilon \to 0} \int_0^\infty \frac{1}{\epsilon^2} a\left(\frac{\tau}{\epsilon}\right) f(t - \tau) d\tau \qquad (4.08)$$

其中

$$a(x) = \begin{cases} 1 & 0 \leqslant x < 1 \\ -1 & 1 \leqslant x < 2 \\ 0 & 2 \leqslant x \end{cases} \qquad (4.09)$$

如前所见，函数 e^{zt} 是一组函数 $f(t)$ 的一个集合，从运算符 4.02 的观点来看，这些函数特别重要，因为

$$e^{z(t-\tau)} = e^{zt} \cdot e^{-z\tau} \qquad (4.10)$$

而延迟算符变成了一个仅仅依赖于 z 的乘子。这样，运算符 4.02 变为

$$e^{zt} \int_0^\infty a(\tau) e^{-z\tau} d\tau \qquad (4.11)$$

也是一个仅仅依赖于 z 的乘法算符。表达式

$$\int_0^\infty a(\tau) e^{-z\tau} d\tau = A(z) \qquad (4.12)$$

表示了运算符4.02作为频率的函数。如果z取复数$x + iy$，其中x和y为实数，这变为

$$\int_0^\infty a(\tau) e^{-x\tau} e^{-iy\tau} d\tau \qquad (4.13)$$

结果根据著名的施瓦茨积分不等式，如果$y > 0$并且

$$\int_0^\infty |a(\tau)|^2 d\tau < \infty \qquad (4.14)$$

我们有

$$|A(x + iy)| \le \left[\int_0^\infty |a(\tau)|^2 d\tau \int_0^\infty e^{-2x\tau} d\tau \right]^{1/2}$$
$$= \left[\frac{1}{2x} \int_0^\infty |a(\tau)|^2 d\tau \right]^{1/2} \qquad (4.15)_{100}$$

这意味着$A(x + iy)$是一个在每一个半平面$x \ge \epsilon > 0$上复变量的有界全纯函数；而函数$A(iy)$在某种非常明确的意义上表示这样一个函数的边界值。

我们设

$$u + iv = A(x + iy) \qquad (4.16)$$

其中u和v是实数。$x + iy$将被确定为$u + iv$的函数（不一定是单值函

数）。除了与点 $z = x + iy$ 对应的点 $u + iv$ 外，其中 $\partial A(z)/\partial z = 0$，该函数将是解析函数，尽管是亚纯函数。边界 $x = 0$ 将进入具有下列参数方程的曲线：

$$u + iv = A(iy) \qquad (y \text{ 为实数}) \qquad (4.17)$$

这条新曲线可以与自身相交任意次数。不过，一般来说，它会将平面分为两个区域。让我们考虑沿 y 从 $-\infty$ 到 ∞ 的方向绘制的曲线（等式4.17）。然后，如果我们从等式4.17向右偏离，沿着一个连续的曲线不再切割等式4.17，我们可能会到达某些点。既不在这个集合中，也不在等式4.17中的点，我们称之为外点。包含外部点的极限点的曲线的那一部分（等式4.17），我们称之为有效边界。所有其他点将被称为内点。这样在图I中，从箭头的意义绘制边界时，内部点被打上阴影而有效边界用粗线绘制。

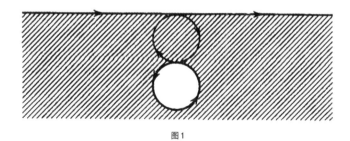

图1

于是，在任何右半平面上 A 为有界的条件告诉我们，无穷远处的点不能是一个内点。它可能是一个边界点，尽管对它可能是的边界点类型的特征，有某些非常明确的限制。这些涉及到延伸到无穷的内部点集合的"厚度"。

现在我们来讨论线性反馈问题的数学表达式。101

让这样一个系统的控制流程图（而不是接线图）如图2所示。在
这里

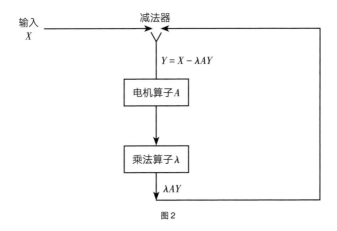

图2

电机的输入是Y，这是原始输入X和乘法器输出之间的差值，乘
法器将电机的功率输出AY乘以系数λ。因此

$$Y = X - \lambda AY \qquad (4.18)$$

同时

$$Y = \frac{X}{1 + \lambda A} \qquad (4.19)$$

结果电机输出是

$$AY = X \frac{A}{1 + \lambda A} \tag{4.20}$$

整个反馈机制产生的算符是 $A / (1 + \lambda A)$。当及仅当 $A = -1/\lambda$，这将趋近于无限。这个新算符的示意图（等式4.17）如下：

$$u + iv = \frac{A(iy)}{1 + \lambda A(iy)} \tag{4.21}$$

而当及仅当 $-1/\lambda$ 是式4.17的一个内点时，∞ 将是这的一个内点。

在这种情况下，带有乘数 λ 的反馈肯定会产生灾难性的结果，事实上，灾难性的结果是系统将进入无限制的、不断增加的振荡。另一方面，如果点 $-1/\lambda$ 是一个外部点，则可以证明没有困难，并且反馈是稳定的。如果 $-1/\lambda$ 在有效边界上，则有必要进行更详细的讨论。

在大多数情况下，系统可能会进入振幅不增加的振荡。

也许值得考虑几个算符 A 和它们的可容许的反馈范围。我们不仅要考虑表达式4.02的运算，还要考虑它们的极限，假设同样的论点也适用于这些运算。

如果算符 A 对应于微分算符 $A(z) = z$，当 y 从 $-\infty$ 到 ∞ 时，$A(y)$ 也会这样做，并且内部点是右半平面内部的点。点 $-1/\lambda$ 总是一个外部点，任何量的反馈都是可能的。如果

$$A(z) = \frac{1}{1 + kz} \tag{4.22}$$

那条曲线（4.17式）是

$$u + iv = \frac{1}{1 + kiy} \qquad (4.23)$$

或者

$$u = \frac{1}{1 + k^2 y^2}, \qquad v = \frac{-ky}{1 + k^2 y^2} \qquad (4.24)$$

我们可以写成

$$u^2 + v^2 = u \qquad (4.25)$$

这是一个半径为1/2，圆心为（1/2，0）的圆。它是按顺时针方向描述的，内部点是我们通常应该考虑的内部点。在这种情况下，允许的反馈也是无限的，因为 $-1/\lambda$ 总是在圆之外。与此运算符对应的 $a(t)$ 是

$$a(t) = e^{-t/k}/k \qquad (4.26)$$

又一次，令

$$A(z) = \left(\frac{1}{1 + kz}\right)^2 \qquad (4.27)$$

于是，式4.17是

$$u + iv = \left(\frac{1}{1 + kiy}\right)^2 = \frac{(1 - kiy)^2}{(1 + k^2 y^2)^2} \qquad (4.28)$$

以及

$$u = \frac{1 - k^2 y^2}{(1 + k^2 y^2)^2}, \qquad v = \frac{-2ky}{(1 + k^2 y^2)^2} \qquad (4.29)$$

这得出

$$u^2 + v^2 = \frac{1}{(1 + k^2 y^2)^2} \qquad (4.30)$$

或者

$$y = \frac{-v}{(u^2 + v^2)2k} \qquad (4.31)$$

然后

$$u = (u^2 + v^2)\left[1 - \frac{k^2 v^2}{4k^2(u^2 + v^2)^2}\right] = (u^2 + v^2) - \frac{v^2}{4(u^2 + v^2)} \qquad (4.32)$$

在极坐标下, 如果 $u = \rho \cos\phi$, $v = \rho \sin\phi$, 这变成

$$\rho \cos \phi = \rho^2 - \frac{\sin^2\phi}{4} = \rho^2 - \frac{1}{4} + \frac{\cos^2\phi}{4} \qquad (4.33)$$

或者

$$\rho - \frac{\cos \phi}{2} = \pm \frac{1}{2} \qquad (4.34)$$

即

$$\rho^{1/2} = -\sin\frac{\phi}{2}, \quad \rho^{1/2} = \cos\frac{\phi}{2} \quad\quad (4.35)$$

可以证明，这两个方程只代表一条曲线，一条顶点在原点，尖点指向右边的心形曲线。此曲线的内部将不包含负实轴的点，并且，与前面的情况一样，允许的放大是无限的。这里算子 $a(t)$ 是

$$a(t) = \frac{t}{k^2}e^{-t/k} \quad\quad (4.36)$$

令

$$A(z) = \left(\frac{1}{1+kz}\right)^3 \qu\quad (4.37)$$

令 ρ 和 ϕ 的定义与上一个例子相同。则

$$\rho^{1/3}\cos\frac{\phi}{3} + i\rho^{1/3}\sin\frac{\phi}{3} = \frac{1}{1+kiy} \qu\quad (4.38)$$

如第一个例子那样，这将给我们

$$\rho^{2/3}\cos^2\frac{\phi}{3} + \rho^{2/3}\sin^2\frac{\phi}{3} = \rho^{1/3}\cos\frac{\phi}{3} \qu\quad (4.39)$$

即

$$\rho^{1/3} = \cos\frac{\phi}{3} \qu\quad (4.40)$$

这是一条具有图3形状的曲线。阴影部分代表

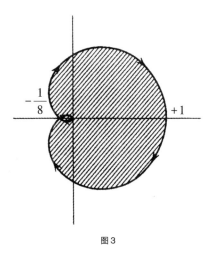

图 3

内部点。所有系数超过1/8的反馈是不可能的[1]。对应的 $a(t)$ 是

$$a(t) = \frac{t^2}{2k^3} e^{-t/k} \qquad (4.41)$$

最后，令我们的对应 A 的算符为一个简单的 T 单位时间的延迟。则

$$A(z) = e^{-Tz} \qquad (4.42)$$

那么

---

1. 当 $\phi = \pi$ 时，$\rho = (\cos \pi/3)^3 = 1/8$。因此反馈系数 $\lambda > 8$ 时，反馈是不可能的。——1985版译者注

$$u + iv = e^{-Tiy} = \cos Ty - i \sin Ty \qquad (4.43)$$

曲线（等式4.17）将是围绕原点的单位圆，以顺时针方向环绕原点以单位速度周转。这条曲线的内部就是一般意义上的内部，反馈强度的极限为1。

从这可以得出一个非常有趣的结论。有可能通过任意重的反馈来补偿算符$1/(1 + kz)$，这将给我们一个我们希望的接近1的$A/(1 + \lambda A)$，以获得我们希望的大的频率范围。因此，有可能通过三个——甚至两个——连续的反馈来补偿这类连续的三个运算符。然而，不可能像我们希望的那样对运算符$1/(1 + kz)^3$进行密切补偿：它是级联三个运算符$1/(1 + kz)$通过单个反馈合成的结果。运算符$1/(1 + kz)^3$也可以被写成

$$\frac{1}{2k^2} \frac{d^2}{dz^2} \frac{1}{1 + kz} \qquad (4.44)$$

并且可以看作是三个一阶分母的算符的加法合成的极限，因此看起来是，一个不同算符的和，每个算符可以像我们希望的那样通过一个反馈得到补偿，而它本身却不能这样来补偿。

在麦克柯尔的重要著作中，我们举了一个复杂系统的例子，它可以通过两个反馈来稳定，但不能通过一个反馈来稳定。它涉及到用陀螺罗盘来操纵船舶。舵手设定的航向和罗盘显示的航向之间的夹角表现在方向舵的转动上，鉴于船舶的航向，它产生一个转向力矩，用于改变船舶的航向，以减小设定航向和实际航向之间的差异。如果这是

通过直接打开一个舵机的阀门和关闭另一个舵机的阀门来实现的，这样舵的转向速度与船舶偏离这一航向的偏差成正比，那么让我们注意到舵的角位置大致与船舶的转向力矩因而角加速度成正比。因此，船舶的转向量与偏离航向的三阶导数成负因子的正比，而我们必须通过陀螺罗盘的反馈来稳定的操作是 kz^3，其中 k 为正。因此我们得到曲线（等式 4.17）

$$u + iv = -kiy^3 \tag{4.45}$$

同时，由于左半平面是内部区域，没有任何伺服机构可以稳定系统。

　　在这个例子中，我们把操舵问题稍微简化了一点。实际上有一定的摩擦力，转动船舶的力并不能决定加速度。相反，如果 θ 是船舶的角位置，φ 是舵相对于船舶的角位置，我们有

$$\frac{d^2\theta}{dt^2} = c_1\phi - c_2\frac{d\theta}{dt} \tag{4.46}$$

以及

$$u + iv = -k_1 iy^3 - k_2 y^2 \tag{4.47}$$

这个曲线可以写成

$$v^2 = -k_3 u^3 \tag{4.48}$$

106

它仍然不能通过任何反馈来稳定。当y从$-\infty$变到∞，u从∞到$-\infty$，曲线的内部在左方。

另一方面，如果方向舵的位置与航向偏差成比例，则通过反馈稳定的算符为$k_1z^2 + k_2z$，等式4.17变为

$$u + iv = -k_1y^2 + k_2iy \qquad (4.49)$$

这个曲线可以写成

$$v^2 = -k_3u \qquad (4.50)$$

但是在这个例子中，当y从$-\infty$到∞，v也是这样，那么曲线是从$y = -\infty$到$y = \infty$的。在这种情况下，曲线的外部在左侧，可以进行无限量的放大。

为了实现这一点，我们可以采用另一级反馈。如果我们这样调整舵机阀的位置，不是通过实际航向和所需航向之间的差异，而是通过这个量和舵角位置之间的差异，如果我们允许足够大的反馈，我们将保持舵角位置与我们所希望的船舶偏离真实航向几乎成比例；也就是说，如果我们足够宽地打开阀门。这种双反馈控制系统实际上是利用陀螺罗经实现船舶自动操舵的常用控制系统。

在人体内，一只手或一个手指的运动涉及到一个有大量关节的系统。输出是所有这些关节输出的相加矢量组合。我们已经看到，一般

来说，这样一个复杂的加性系统不能由一个单一的反馈来稳定。相应地，我们通过观察任务尚未完成的量，来调节任务绩效的自主反馈需要其他反馈的支持。这些我们称之为姿势反馈，它们与肌肉系统张力的一般维持有关。在小脑损伤的情况下，自主反馈显示出崩溃或精神错乱的趋势，因为除非患者尝试执行自主任务，否则不会出现随后的震颤。这种目的性震颤，即患者拿起一杯水时不可能不打翻它，与帕

107 金森氏症或兴奋性麻痹的震颤在性质上有很大的不同，后者在患者休息时以最典型的形式出现，而且在他试图执行具体任务时，确实常常似乎得到极大的缓解。有一些患有帕金森症的外科医生，他们设法高效率地做手术。大家知道帕金森病并非起源于小脑病变，而是与脑干某处的病理性病灶有关。这仅仅是姿势反馈的疾病之一，其中许多疾病的起源一定是神经系统中位置非常不同的部分的缺陷。生理学控制论的一个重要任务是解开和分离这个复杂的自主性和姿势性反馈的不同部分的轨迹。这一类成分反射的例子有抓挠反射和行走反射。

当反馈是可能和稳定的时候，它的优势，正如我们已经说过的，是使性能不依赖于负载。让我们考虑负载改变某个特性 A 一个量 dA，百分比变化将是 dA/A。如果反馈后的算符是

$$B = \frac{A}{C + A} \tag{4.51}$$

我们将有

$$\frac{dB}{B} = \frac{-d\left(1 + \dfrac{C}{A}\right)}{1 + \dfrac{C}{A}} = \frac{\dfrac{C}{A^2}dA}{1 + \dfrac{C}{A}} = \frac{dA}{A}\frac{C}{A + C} \tag{4.52}$$

因此，反馈用于减少系统对电动机的特性的依赖，并起到稳定电动机的作用，对于所有的频率

$$\left| \frac{A + C}{C} \right| > 1 \qquad (4.53)$$

这就是说，内点和外点之间的整个边界必须位于围绕点 $-C$ 的半径 C 的圆内。这甚至在我们已讨论的第一种情况中都不是真的。重负反馈的效果，如果它会是稳定的，将增加系统低频时的稳定性，但通常以牺牲某些高频时的稳定性为代价。在许多情况下，即使是这种程度的稳定化也是有好处的。

一个非常重要的问题，其发生与由于反馈过多而引起的振荡有联系，是初始振荡的频率。这是由 iy 中的 y 值确定的，y 值对应于等式 4.17 的内部和外部区域的边界点，该边界点位于负 u 轴上最左侧。量 y 当然具有频率的性质。

我们现在结束了对线性振荡的初步讨论，从反馈的角度进行了研究。一个线性振荡系统具有某些非常特殊的性质，这些性质是其振荡的特征。一个是，当它振荡时，它总是可以，而且非常普遍地——在没有独立的同时振荡的情况下——它确实以下面的形式振荡

$$A \sin(Bt + C) e^{Dt} \qquad (4.54)$$

周期性非正弦振荡的存在总是一种暗示，至少表明观测到的变量是系统非线性的变量。在某些情况下，但是极少数，通过新的自变量

选择，系统可能再次线性化。

　　线性振荡和非线性振荡之间的另一个非常重要的区别是，在第一种情况（线性）下，振荡的振幅与频率完全无关；而在后者（非线性）中，通常只有一个振幅，或者最多只有一组离散的振幅，系统将以给定的频率振荡，以及系统将振荡在一组离散频率上。通过对管风琴中发生的事情的研究可以很好地说明这一点。管风琴有两种理论，一种是粗糙的线性理论，另一种是更精确的非线性理论。在第一种理论中，管风琴被视为一个保守系统，没有人问它是如何振荡的，振荡的水平是完全不确定的。在第二种理论中，管风琴的振荡被认为是耗散能量的，这种能量被认为起源于穿过管唇边缘的气流。理论上确实有一股稳定的气流穿过管唇的边缘，它不与管道的任何振荡模式交换任何能量，但对于一定的气流速度，这种稳态是不稳定的。只要稍有一点对它的偏离，就会给管道的一个或多个线性振荡的自然模式带来能量输入，并且直到某一点，这种运动实际上会增加管道固有振动模式与能量输入的耦合。能量的输入速率和能量的输出速率，通过热耗散和其他方式具有不同的增长规律，但是，要达到稳定的振荡状态，这两个量必须是相等的。因此，非线性振荡的水平也像它的频率那样完全确定了。

109　　我们所研究的情况是一个被称为弛豫振荡的例子：一种情况，即在时间平移下不变的方程组导致周期性解 —— 或对应于周期性的广义概念 —— 在时间上，同时振幅和频率确定，但不确定相位。在我们讨论过的情况下，系统的振荡频率接近于系统中某些松散耦合的近似线性部分的振荡频率。B. 范德波尔是研究弛豫振荡的主要权威之一，他指出，情况并非总是如此，事实上存在弛豫振荡，其中主要频率不接近系统任何部分的线性振荡频率。例如，一股气流流入一个向空气开放的腔室，在该腔室中，一盏指示灯正在燃烧：当空气中的气体浓度达到某一临界值时，系统在指示灯的点燃下准备爆炸，而发生这种情况所需的时间只取决于煤气的流速，空气渗入和燃烧产物渗出的速度，以及煤气和空气爆炸混合物的百分含量。

一般来说，非线性方程组很难求解。然而，有一种特别容易处理的情况，在这种情况下，系统只与线性系统稍有不同，而使它有区别的项变化非常缓慢，以至于它们可以被认为在一个振荡周期内基本不变。在这种情况下，我们可以把非线性系统当作一个参数缓慢变化的线性系统来研究。可以这样研究的系统被称为长期扰动系统，长期扰动系统理论在引力天文学中起着非常重要的作用。

很有可能某些生理性震颤可以粗略地作为一个长期扰动线性系统来处理。我们可以很清楚地看到，在这样一个系统中，为什么稳态振幅水平可以和频率一样确定。假设这样一个系统中的一个元件是放大器，它的增益随着这样一个系统输入的长时间平均值的增加而减小。然后随着系统振荡的建立，增益可能会减小，直到达到平衡状态。

在某些情况下，用希尔和庞加莱[1]提出的方法研究了非线性弛豫振荡系统。研究这类振荡的经典情况是系统方程具有不同的性质；特别是这些微分方程是低阶的。据我所知，当系统的未来行为依赖于它 110

---

1. H. 庞加莱，《天王星观测的新方法》Gauthier-Villars et fils，巴黎，1892 — 1899。

的整个过去行为时，对相应的积分方程没有任何可比的充分研究。然而，勾勒出这样一个理论应该采取的形式并不难，特别是当我们只寻找周期解的时候。在这种情况下，方程常数的轻微修改应导致运动方程的轻微的，因此几乎是线性的修改。例如，设 $Op[f(t)]$ 是 t 的函数，其由对 $f(t)$ 的非线性运算产生，并且受平移的影响。则 $Op[f(t)]$ 的变化，$\delta Op[f(t)]$ 对应于一个 $f(t)$ 的变分变化 $\delta f(t)$ 以及系统动力学的一个已知变化，$\delta Op[f(t)]$ 是线性的，虽然在 $f(t)$ 中不是线性的，但在 $\delta f(t)$ 不是齐次的。如果我们现在知道下式的一个解 $f(t)$

$$Op[f(t)] = 0 \tag{4.55}$$

并且我们改变系统的动力学，我们得到 $\delta f(t)$ 的一个线性非齐次方程，如果

$$f(t) = \sum_{-\infty}^{\infty} a_n e^{in\lambda t} \tag{4.56}$$

并且 $f(t)+\delta f(t)$ 也是周期的，具有下列形式

$$f(t) + \delta f(t) = \sum_{-\infty}^{\infty} (a_n + \delta a_n) e^{in(\lambda+\delta\lambda)t} \tag{4.57}$$

那么

$$\delta f(t) = \sum_{-\infty}^{\infty} \delta a_n e^{i\lambda nt} + \sum_{-\infty}^{\infty} a_n e^{i\lambda nt} in\delta\lambda t \tag{4.58}$$

$\delta f(t)$ 的线性方程组的所有系数都可以在 $e^{i\lambda nt}$ 中展开成级数，因

为 $f(t)$ 本身可以用这种形式展开。因此，我们这样将得到一个无穷多的 $\delta a_n + a_n$，$\delta\lambda$ 和 λ 的线性非齐次方程组，这个方程组可以用希尔的方法求解。在这种情况下，至少可以想象，通过从一个线性方程（非齐次）开始并逐渐转移约束，我们可以得到松弛振荡中一个非常普遍的非线性问题的解。然而，这项工作是在未来进行的。

在一定程度上，本章讨论的控制反馈系统和前一章讨论的补偿系统是竞争对手。它们都可以将一个执行机构复杂的输入输出关系转化为接近简单比例的形式。如我们所见，反馈系统的作用不止于此，其性能与所用执行机构的特性和特性变化相对独立。因此，这两种控制方法的相对有效性取决于执行机构特性的恒定性。很自然地，我们会假设在某些情况下，将这两种方法结合起来是有利的。有各种方法可以做到这一点。最简单的方法之一是如图 4 所示的方法。

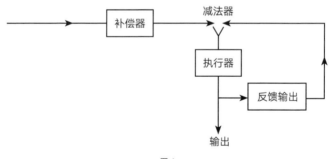

图 4

在这里，整个反馈系统可以被视为一个更大的执行机构，并且没有新的点出现，除了补偿器必须被布置成补偿在某种意义上是反馈系统的平均特性。另一种布置类型如图 5 所示。

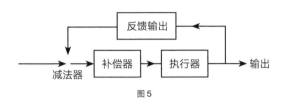

图5

这里补偿器和执行机构被组合成一个更大的执行机构。一般来说，这种改变会改变可接受的最大反馈，不容易看出通常如何将该水平提高到一个重要的程度。另一方面，对于相同的反馈水平，它无疑会改进系统的性能。例如，如果执行机构基本上具有滞后特性，则补偿器将是为其输入的统计集合而设计的预报器或预测器。我们的反馈，我们可以称之为预期反馈，往往会加快执行机构的行动机制。

在人类和动物的反射中，我们当然可以找到这种一般类型的反馈。当我们射击鸭子时，我们尝试尽量减少的误差不是枪的位置和目标的实际位置之间的误差，而是枪的位置和目标的预期位置之间的误差。任何防空火控系统一定会遇到同样的问题。预期反馈的稳定性和有效性的条件需要进行比目前更深入的讨论。

反馈系统的另一个有趣的变体是我们在结冰路面上驾驶汽车的方式。我们的整个驾驶行为取决于对路面打滑的了解，也就是说，对汽车-道路系统性能特征的了解。如果我们等待着，通过系统的正常性能来了解这一点，我们会在不知不觉中发现自己已在打滑，因此我们会给方向盘一系列小而快的脉冲，这不足以使汽车陷入大打滑，但足以向我们的动觉报告汽车是否有打滑的危险，于是我们相应地调整我们的转向动作。

　　这种控制方法，我们可以称之为信息反馈控制，不难用机械的形式来描述，在实际应用中可能很有价值。我们的执行器有一个补偿装置，这个补偿装置有一个可以从外部来改变的特性。我们在传入的消息上叠加一个微弱的高频输入，并从执行器的输出中取出一个相同高频的部分输出，用一个适当的滤波器与其余的输出分离。为了获得执行器的性能特性，我们探索了高频输出与输入的幅相关系。在此基础上，对补偿器的特性进行了适当的修改，系统流程图如图6所示。

　　这种反馈的优点是可以调整补偿器，使每种类型的恒定负载都保持稳定；如果负载的特性变化，与原始输入的变化相比足够慢，我们称之为长期的方式，如果负载条件的读数是准确的，则系统没有振荡的趋势。在很多情况下，负载的变化是以这种方式长期的。例如，炮塔的摩擦载荷取决于润滑脂的刚度，这又取决于温度；但这种刚度在炮塔的几次摆动中不会有明显的变化。

　　当然，只有在高频负载的特性与低频负载的特性相同，或者对低频负载的特性能给出很好的指示时，这种信息反馈才会起到很好的作用。

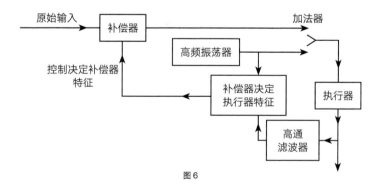

图6

如果载荷的特征以及执行器的特征包含相对较少数量的可变参数，则通常会出现这种情况。

这种信息反馈和我们给出的带有补偿器的反馈的例子只是一个非常复杂的理论的特例，并且是一个尚未完全研究完的理论。整个领域正在迅速发展。在不久的将来，它值得更多的关注。

在我们结束这一章之前，我们决不能忘记反馈原理在生理学上的另一个重要应用。一大组案例表明，某种反馈不仅体现在生理现象中，而且对生命的延续是绝对必要的，这就是所谓的内稳态。高等动物的生命，特别是健康生命得以延续的条件非常狭窄。体温变化半摄氏度通常是疾病的征兆，而永久性的5摄氏度变化与生命几乎不相容。血液的渗透压和氢离子浓度必须控制在严格的范围内。身体的废物必须在上升到有毒浓度之前排出。除了所有这些，我们的白细胞和抗感染的化学防御必须保持在适当的水平；我们的心率和血压不能太高也不能太低；我们的性周期必须符合生殖的种族需要；我们的钙代谢必须既不能软化我们的骨骼，也不能使我们的组织钙化；等等。简言之，我们的内部经济必须包括一套恒温装置、自动氢离子浓度控制器、调节器等，足够建一个大型化工厂了。这些是我们共同知道的稳态机制。

我们的稳态反馈与我们的自主反馈和姿势反馈有一个普遍的区别：它们往往较慢。生理上的稳态变化很少 —— 甚至连脑性贫血也没有 —— 这种变化在不到1秒钟时间内造成严重或永久性的损害。因此，为稳态过程保留的神经纤维 —— 交感神经和副交感神经系统 —— 通常是无髓的，并且已知其传输速度比有髓纤维慢得多。典

型的内稳态执行器 —— 平滑肌和腺体 —— 与条纹肌（典型的自主性和姿势性活动执行器）相比，它们的动作同样缓慢。稳态系统的许多信息都是通过非神经通道传递的 —— 心脏肌纤维的直接吻合，或者血液中的激素、二氧化碳含量等化学信使；除心肌外，这些也通常是比有髓神经纤维慢的传输方式。

任何一本完整的控制论教科书都应该包含对内稳态过程的详尽讨论，其中许多个案在文献中都有详细的讨论。[1]然而，这本书与其说是一篇简明的论文，不如说是对这一主题的介绍，而稳态过程的理论包含了太多关于一般生理学的详细知识，不能放在这里了。　　　115

---

1. W. 坎农，《躯体的智慧》，W. W. Norton & Company, Inc., 纽约，1932年；亨德森，L. J.，《环境适应性》，The Macmillan Company，纽约，1913年。

第5章
计算机与神经系统

计算机本质上是用来记录数字、操作数字并以数字形式给出结果的机器。无论是在金钱上还是在构建努力上，它们的成本中相当大的一部分都用于清楚准确地记录数字这个简单的问题。做这件事最简单的方式似乎是在一把均匀的比例尺上，用某种指针在上面移动。如果我们希望以 n 分之1的精度记录一个数字，我们必须确保在比例尺的每个区域中，指针在该精度范围内处在所要的位置。也就是说，对于一个信息量 $\log_2 n$，我们必须以这样的精度完成指针移动的每一部分，成本将具有 An 的形式，其中 A 与常数相差不远。更准确地说，因为如果 $n-1$ 个区域被准确地建立起来，剩余的那一个区域也将被准确地确定，记录信息量 I 的成本将大约是

$$(2^I - 1)A \qquad (5.01)$$

现在让我们把这些信息分在两个比例尺上，每个都标记得准确度差一点。记录这些信息的成本大约为

$$2(2^{I/2} - 1)A \qquad (5.02)$$

如果信息被分在 N 个比例尺上，则近似的成本将为

$$N(2^{I/N} - 1)A \qquad (5.03)_{116}$$

这将是一个极小值，当

$$2^{1/N} - 1 = \frac{I}{N} 2^{I/N} \log 2 \qquad (5.04)$$

的时候，或者如果我们令

$$\frac{I}{N} \log 2 = x \qquad (5.05)$$

当

$$x = \frac{e^x - 1}{e^x} = 1 - e^{-x} \qquad (5.06)$$

当且仅当 $x = 0$ 或 $N = \infty$ 时才会发生这种情况。也就是说，N 应该尽可能大，以提供最低的信息存储成本。让我们记住，$2^{1/N}$ 必须是一个整数，1 不是（$2^{1/N}$ 的）一个有效值，因为那样我们就有无限多个比例尺，每一个都不包含信息。$2^{1/N}$ 的最佳有效值是 2，在这种情况下，我们将数字记录在若干独立的比例尺上，每一个被分成两个相等的部分。换言之，我们用二进制中把我们的数表示在一系列的比例尺上，在这些比例尺上，我们所知道的只是某个量存在于比例尺两个等分中的一个或另一个，在这些比例尺上，关于尺的哪一半包含观测的不完整知识的概率变得无限小。换言之，我们用以下形式表示数字 v：

$$\nu = \nu_0 + \frac{1}{2}\nu_1 + \frac{1}{2^2}\nu_2 + \cdots + \frac{1}{2^n}\nu_n + \cdots \qquad (5.07)$$

其中每一个 ν_n 是 1 或 0。

目前有两大类计算机：一类是布希微分分析仪，[1]称为模拟机，其中数据由连续标度上的测量值表示，因此机器的精度由标度构造的精度决定；另一类是，就像普通的台式加法器和乘法器，我们称之为数字机，其中数据是由一系列偶然事件中的一组选择来表示的，准确度是由下列因素决定的：区分偶然事件的锐利程度，每个选择中呈现的可替代偶然事件的数量，以及给出的选择的数量。我们看到，对于高精度的工作，无论如何是比较倾向于数字机器的，最重要的是，那些在二进制尺度上构造的数字机器，在每个选择中呈现的可选方案的数量是两个。我们使用十进位的机器仅仅是因为历史上的一个偶然：当印度教徒做出了零的重要性和位置记数法的优点的伟大发现时，基于我们手指和拇指的十进制已经被使用了。在机器帮助下完成的大部分工作包括：以传统的十进制形式抄写机器编号上，以及删除必须以相同的传统形式书写的机器编号时，这是值得保留的。

事实上，这是银行、商业办公室和许多统计实验室使用的普通台式计算机。这（十进制）在使用更大、自动化程度更高的机器中并不是最好的方法；一般来说，使用任何计算机都是因为机器方法比手工方法快。在计算方法的任何组合使用中，就像在化学反应的任何组合中一样，给出整个系统时间常数数量级的是最慢的那一个。因此，尽

1.见 1930 年以来多篇论文，Journal of the Franklin Institute。

可能地将人的因素从任何复杂的计算链中去除，并且仅在绝对不可避免的情况下，从最开始和最后面时引入人的因素，才是有利的。在这种情况下，使用一种改变计数进制的工具是值得的，在最初和最后用于计算链，而在所有中间过程中执行二进制。

理想的计算机必须在一开始就插入所有的数据，并且必须一直到最后尽可能不受人的干预。这意味着不仅要在开始时插入数值数据，而且还要插入所有组合它们的规则，以指令的形式涵盖计算过程中可能出现的每种情况。因此，计算机器必须既是逻辑机器又是算术机器，并且必须根据系统算法组合偶然事件。虽然有许多算法可用于组合偶然事件，但其中最简单的算法被称为卓越逻辑代数或布尔代数。这个算法和二进制算法一样，是基于二分法的，一种是与否的选择，一种在类内还是在类外的选择。它优于其他系统的原因与二进制算法优于其他算法的原因，具有相同的性质。

因此，输入机器的所有数据，无论是数字的还是逻辑的，都是以 ¹¹⁸ 两个选择中的一组选择的形式出现的，而对数据的所有操作都是以依赖于一组旧的选择、来做一组新的选择的形式出现的。当我把两个一位数的数字A和B相加时，我得到一个以1开始的两位数，如果A和B都是1；否则的话得到以0开始。如果$A \neq B$，第二位数字是1，否则是0。多于1位数字的数的加法遵循相似但更复杂的规则。二进制中的乘法，如十进制中的乘法，可以简化为乘法表和数的加法，二进制数的乘法规则采用下表中给出的奇特地简单的形式

$$
\begin{array}{c|cc}
\times & 0 & 1 \\
\hline
0 & 0 & 0 \\
1 & 0 & 1
\end{array}
\tag{5.08}
$$

因此，乘法只是一种在给出旧数字时确定一组新数字的方法。

在逻辑方面，如果 O 是一个否定的判断，I 是一个肯定的判断，那么每个算子都可以从三个方面导出：否定，它把 I 转换成 O 以及把 O 转换成 I；逻辑加法，如下表所示

$$
\begin{array}{c|cc}
\oplus & O & I \\
\hline
O & O & I \\
I & I & I
\end{array}
$$

（5.09）

以及逻辑乘法，用与（1, 0）系统数字乘法相同的表，即

$$
\begin{array}{c|cc}
\odot & O & I \\
\hline
O & O & O \\
I & O & I
\end{array}
$$

（5.10）

也就是说，机器运行中可能出现的每一个偶然事件都需要一组新的偶然事件 I 和 0 的选择，这取决于已经作出的决定的一组固定规则。换言之，机器的结构是一组继电器，每个继电器都能满足两种条件，即"开"和"关"；而在每个阶段，继电器都取一个位置，该位置由前一个操作阶段的继电器组的某些或所有继电器的位置所规定。这些操作阶段可以从某个中央时钟或某些时钟中明确地"定时"，或者每个继电器的动作可以推迟，直到所有本应在该过程中更早动作的继电器都完成了所有要求的步骤。

119　　计算机中使用的继电器可能具有很多种的特性。它们可以是纯机械的，也可以是机电的，就像螺线管继电器一样，在螺线管继电器中，

电枢将保持在两个可能的平衡位置之一，直到适当的脉冲将其拉到
另一侧。它们可能是纯电力系统，具有两种不同的平衡位置，要么是
充气管，要么是更快速的高真空管。在没有外界干扰的情况下，继电
器系统的两种可能状态可能都是稳定的，或者只有一种是稳定的，而
另一种是暂时的。总是在第二种情况下（在第一种情况下通常也要），
最好有一个特殊的装置来保持在将来某个时间起作用的脉冲，并避免
系统堵塞，这种堵塞如果其中一个继电器除了无限期地重复它自己什
么都不做就会跟着发生。不过，关于记忆这个问题，我们以后还有更
多的话要说。

这是一个值得注意的事实，人类和动物的神经系统，众所周知能
够做计算系统的工作，包含了非常适合作为继电器的元件。这些元件
就是所谓的神经元或神经细胞。虽然它们在电流的影响下表现出相
当复杂的特性，但在它们正常的生理活动中，它们非常接近于符合
"全有或全无"的原则；也就是说，它们要么处于静止状态，要么在
"激发"时，它们经历了一系列几乎与刺激的性质和强度无关的变
化。首先是一个活动期，以一定的速度从神经元的一端传递到另一
端，接着活动期是一个不应期，在此期间，神经元要么不能被刺激，
要么无论如何不能被任何正常的生理过程刺激。在这个有效的不应
期结束时，神经仍处于不活动状态，但也可能再次被刺激进入活动
状态。

因此，神经可以被认为是一个继电器，基本上有两种活动状态：
兴奋和休息。撇开那些接受来自自由端或感觉端器官的信息的神经元
不谈，每个神经元都有自己的信息，由其他神经元在被称为突触的接

触点注入。对于一个给定的传出神经元，这些神经元的数目从极少数到数百不等。是各种突触传入脉冲的状态，与传出神经元本身的先前状态相结合，决定它是否会激发。如果它既不兴奋也不休息，并且在一段很短的融合时间内"兴奋"的传入突触数量超过了某个阈值，那么神经元将在一个已知的、相当恒定的突触延迟后兴奋。

120

这个图像也许过于简单化了："阈值"可能不仅仅取决于突触的数量，而且也取决于它们的"重量"以及它们与所注入的神经元之间的几何关系；而且有非常令人信服的证据表明，存在着不同性质的突触，即所谓的"抑制性突触"，它要么完全阻止传出神经元的兴奋，要么无论如何提高其相对于普通突触的刺激阈值。然而，非常清楚的是，与给定神经元有突触联系的传入神经元上的某些特定的脉冲组合将导致其兴奋，而其他的则不会导致其兴奋。这并不是说不可能有其他的、非神经元的影响，其也许是体液性质的，产生缓慢的，长期的变化，倾向于改变那种足以兴奋的传入脉冲的模式。

神经系统的一个非常重要的功能，正如我们所说的，也是计算机同样需要的功能，就是记忆，即保存过去操作结果以备将来使用的能力。可以看出，内存的用途是多种多样的，任何一种机制都不可能满足所有这些需求。首先是执行当前处理（例如乘法）过程所必需的存储器，在该存储器中，一旦处理完成，中间结果就没有价值，并且随后应释放操作装置以供进一步使用。这样的记忆应该记录得快，读得快，擦得快。另一方面，内存准备放的是机器或大脑的文件、永久记录的一部分，贡献给机器未来所有行为的基础，至少在机器的一次运行中是这样。让我们附加说明一下，我们使用大脑和机器的方式之间

的一个重要区别是，机器用于许多连续的运行，或者相互之间没有参
考，或者只有一个最小的、有限的参考，在这些运行之间它可以被清
除；而大脑，在自然过程中，从来没有甚至近似地清理过它过去的记
录。因此，在正常情况下，大脑并不是计算机的完全模拟物，而是在
计算机上单次运行的模拟物。我们稍后将看到这句话在精神病理学和
精神病学中有着深刻的意义。

　　回到记忆的问题，一个非常令人满意的方法来构造一个短时记忆，[121]
就是保持一系列脉冲在一个闭合的电路中传播，直到这个电路被外部
的干预清除。有很多理由相信，这种情况发生在我们的大脑在保留脉
冲的过程中，这种脉冲发生在所谓的"表面上的"的现在[1]。这种方法
已经在一些器件中被模仿，器件在计算机中使用，或者至少被建议用
于这种用途。在这种保持装置中，有两个条件是要求的：脉冲应在一
种介质中传输，在这种介质[2]中，不太难实现相当大的时间滞后；在仪
器固有的误差使其模糊太多之前，脉冲应以尽可能清晰的形式重建。
第一个条件倾向于排除光的传输产生的延迟，甚至在许多情况下，电
路产生的延迟，而它倾向于使用一种或另一种形式的弹性振动；而这
种振动实际上已经被用于计算机器的这一目的。如果电路用于延迟目
的，则在每个阶段产生的延迟相对较短；或者，与所有线性装置一样，
信息的变形是累积的，很快就变得无法忍受。为了避免这种情况，第
二个考虑因素开始发挥作用；我们必须在循环的某个地方插入一个继
电器，它不用于重复传入消息的形状，而是用于触发规定形式的新消

1. 表面上的现在：也叫心理学的现在。严格帝说，即是过去的事情，在内心中也觉得是现在的事情
的那种心理内容。即这种心理现象可以看作是具有表面上的现在型的记忆。——日译者注
2. 这大概是依据大脑皮层的刺激所引起的神经元线路的循环兴奋的东西。——日译者注

息。这在神经系统中是很容易做到的，实际上所有的传播或多或少都是一种触发现象。在电气工业中，用于此目的的装置件早已为人所知，并已与电报电路连结使用。它们被称为电报中继器。在长时间的记忆中使用它们的最大困难是，它们必须在大量连续的操作周期中无缺陷地工作。他们的成功更是令人瞩目：在曼彻斯特大学的威廉姆斯先生设计的一台仪器中，这种单位延迟约为百分之一秒的装置连续成功运行了几个小时。更值得注意的是，这种仪器不仅仅是用来保存一个决定，一个"是"或"不是"，而是成千上万的决定。

122 像其他形式的用于保留大量的决定的装置一样，这在扫描原理上也工作。在相对较短的时间内存储信息的最简单方式之一是作为电容器上的电荷；再配上电报式中继器，它成为一种合乎需要的存储方法。为了最大限度地利用连接到这种存储系统的电路设备，人们期望能够从一个电容器到另一个电容器连续且非常快速地切换。做这件事的普通方法牵扯到机械惯性，惯性与非常高的速度从来是不一致的。一个更好的方法是使用大量的电容器，其中一块板要么是一小块金属溅射到电介质上，要么是电介质本身的不完全绝缘表面，而连接到这些电容器的其中一个连接器是一束阴极射线，由扫描电路的电容器和磁铁移动的，沿着一条路线就像犁耕地中的犁一样。对这种方法有各种各样的阐述，在威廉姆斯先生使用它之前，美国无线电公司实际上以一种有些不同的方式使用了这种方法。

这些最后命名的存储信息的方法可以把一条消息保存相当长的时间，如果不是相当于人类一生的时间的话。对于更为永久的记录，我们可以选择各种各样的替代方法。除去像使用穿孔卡片和穿孔带这样笨重、缓慢和不可擦除的方法，我们有磁带，连同它的现代改进其在很大程度上消除了信息在这种材料上散开的趋势；磷光物质；最重要的是摄影。摄影对于其记录的性能和细节来说确实是理想的，从记录观察所需的曝光时间短的角度来看也是理想的。它有两个严重的缺点：显影所需的时间已减少到几秒钟，但仍然不足以使摄影能够用于短时存储器；以及（目前[1947]）摄影记录不易快速擦除和快速植入新记录的事实。伊士曼人一直致力于解决这些问题，这些问题似乎并不一定是无法解决的，而且有可能到了这个时候他们已经找到了答案。

　　许多已经考虑过的信息存储方法都有一个重要的物理共同点。它们似乎依赖于具有高度量子简并性的系统，或者换句话说，依赖于具有大量相同频率的振动模式的系统。这在铁磁性的情况下当然是正确的，在介电常数特别高的材料的情况下也是正确的，因此在存储信息的电容器中特别有价值。磷光也是一种与高量子简并度有关的现象,[123]在照相过程中也会出现同样的效应，在照相过程中，许多充当显影剂的物质似乎都有很大的内部共振。量子简并性似乎与使得小的原因产生可观和稳定效应的能力有关。我们在第2章已经看到，具有高量子简并度的物质似乎与新陈代谢和生殖的许多问题有关。在这里，在一个没有生命的环境中，我们发现它们与生命物质的第三个基本属性有关，这可能不是偶然的：接收和组织冲动的能力，并使它们在外部世界发挥作用。

　　我们已经在摄影和类似的过程中看到，以永久改变某些存储元件的形式存储消息是可能的。在将此信息重新插入系统时，必须使这些更改影响通过系统的消息。实现这一点的最简单方法之一是，作为被改变的存储元件，具有通常有助于消息传输的部件，此部件并且具有这样一种性质，即由于存储而引起的它们的特性的改变会影响它们在整个未来传输消息的方式。在神经系统中，神经元和突触就是这一类的元素，而信息是通过神经元阈值的变化而长期储存的，或者，可以被视为另一种说法，通过每个突触对消息的渗透性的变化而储存的，这是很有可能的。在对这种现象没有更好解释的情况下，我们中的许多人认为，大脑中的信息存储实际上可以这样发生。可以想象，这样的储存要么通过开辟新的道路，要么通过关闭旧的道路来产生。显然，已经充分证实出生后大脑中不会有神经元形成。有可能，虽然不确定，没有新的突触形成，同时这是一个合理的推测，阈值的主要变化在记忆过程中增加了。如果是这样的话，我们的整个人生都在巴尔扎克的《懊恼之声》的模式中度过，学习和记忆的过程耗尽了我们学习和记忆的力量，直到生命本身挥霍掉了我们生存力的资本存量。很可能这种现象确实在发生。这是一种衰老的可能解释。然而，衰老的真正现象太复杂了，不能单独用这种方式来解释。

我们已经谈到了计算机器，接着谈到大脑作为一个逻辑机器。这
124 些机器（自然的和人工的）对逻辑的影响绝不是微不足道的。

这里的主要工作是由图灵做的[1]。我们以前说过，机械推理机不过是莱布尼茨的微积分推理机里面装着一台发动机；正如现代数理逻辑是从这个微积分开始的一样，它现在的工程发展必然会给逻辑带来新

---

1. A.M.图灵，"关于可计算数及其在决策问题中的应用"，《伦敦数学学会学报》，Ser. 2，42，230-265 (1936).

的曙光。今天的科学是可操作的；也就是说，它认为每一个陈述都与可能的实验或可观察的过程根本有关。据此，对逻辑的研究必须归结为对逻辑机器的研究，无论是神经的还是机械的，带着所有它的不可消除的局限性和缺陷。

有些读者可能会说，这将逻辑简化为心理学，而这两门科学的不同是可以观察到并且可以演示的。许多心理状态和思维序列都不符合逻辑法则，在这个意义上是真的。心理学包含了许多逻辑陌生的东西，但是——这是一个重要的事实——任何对我们有意义的逻辑，都不能包含任何人类思想——因此人类神经系统——无法包含的东西。所有的逻辑都受到人类思维的限制，当它从事被称为逻辑思维的活动时。

例如，我们花了很多数学来讨论无限，但这些讨论及其伴随的证明实际上并不是无限的。任何可接受的证明都只涉及有限个阶段。确实，数学归纳法的证明似乎涉及无穷多个阶段，但这只是表面上的。实际上，它只涉及以下几个阶段：

1.P_n 是一个涉及数 n 的命题。

2.对于 $n = 1$，P_n 已被证明。

3.如果 P_n 为真，则 P_{n+1} 为真。

4.因此，P_n 对于每个正整数 n 都是真的。

诚然，在我们的逻辑假设某处，一定有一个能证实这一论点的假设。然而，这种数学归纳法与无限集合上的完全归纳法是截然不同的。

同样的道理也适用于数学归纳法的更精细的形式，例如超限归纳法，它出现在某些数学学科中。

　　因此，出现了一些非常有趣的情况，在这种情况下，我们也许能够 —— 有足够的时间和足够的计算工具 —— 证明定理 P_n 的每一种情况；但如果没有系统的方法将这些证明归入在独立于 n 的一个参数下，如我们在数学归纳法中发现的那样，要证明对于所有 n，P_n 成立也许是不可能的。这种偶然性在被称为元数学的学科中得到了承认，这门学科由哥德尔和他的学派发展得如此出色。

　　证明是一个逻辑过程，它在有限的几个阶段中得出了明确的结论。然而，遵循一定规则的逻辑机器永远不需要得出结论。它可以不断地磨合通过不同的阶段而从不停止，或者通过描述一种不断增加复杂性的活动模式，或者通过进入一个重复的过程，比如象棋的结束，在这个过程中有一个连续的永久"将军"的循环。这发生在康托和罗素的一些悖论中。让我们来考虑所有类中的类，这些类不是他们自己的成员。这个类是它自己的一员吗？如果是，它肯定不是它自己的一个成员；而如果不是，它同样肯定是它自己的一个成员。一个回答这个问题的机器会给出连续的临时答案："是"、"否"、"是"、"否"等等，而且永远不会达到平衡。

　　伯特兰·罗素对他自己的悖论的解决办法是在每一个陈述上附加一个量，即所谓的类型，根据它所关心的对象的性质，这个类型用来区分形式上似乎是同一个陈述的东西 —— 这些对象在最简单的意义上是否是"事物"，是"事物"的类，还是"事物的类"的类，等等。我们解决悖论的方法也是在每个语句中附加一个参数，这个参数是语句被断言的时间。在这两种情况下，我们都引入了一个我们称之为均匀化的参数，来解决一个仅仅由于忽略了它而产生的歧义。

因此，我们看到机器的逻辑类似于人类的逻辑，同时仿照图灵，我们可以利用它来揭示人类的逻辑。机器是否也有更突出的人类特征——学习能力？为了证明它甚至可能具有这种性质，让我们考虑两个密切相关的概念：观念的联想和条件反射。

在英国经验主义哲学流派中，从洛克到休谟，思想的内容被认为是由某些实体组成的，洛克称之为思想，后来的作者称之为思想和印象。简单的想法或印象应该存在于一个纯粹的被动的头脑中，不受它所包含的想法的影响，就像一块干净的黑板不受写在上面的符号的影响一样。

126

通过某种几乎不值得称之为力量的内在活动，根据相似性、连续性和因果原则，这些思想被认为把自己联成一捆。在这些原则中，也许最重要的是连续性：在时间或空间中经常出现在一起的想法或印象被认为具有唤起彼此的能力，因此其中任何一个的存在都会产生整捆出现。

所有这一切都隐含着一种动力，但动力的概念还没有从物理学渗透到生物和心理科学。18世纪的典型生物学家是林奈，一个收藏家和分类家，他的观点与进化论者，生理学家，遗传学家，今天的实验胚胎学家相当不同。事实上，由于世界上有这么多地方需要探索，生物学家的思想状态几乎没有什么不同。同样地，在心理学中，心理内容的概念支配着心理过程的概念。这很可能是一种强调物质的学术生存：在一个名词是实体化的，动词几乎没有重量的世界里。然而，正如巴甫洛夫的著作所体现的那样，从这些静态的观点到当今更具动态性的观点的步骤是非常清楚的。

　　巴甫洛夫在动物身上的工作要比在人身上的工作多得多，他报告的是可见的行为，而不是内省的精神状态。他在狗身上发现，食物的出现会导致唾液和胃液的分泌增加。然后如果在有食物的情况下并且只有在有食物的情况下，向狗展示某件视觉物体，那么在没有食物的情况下看到这种物体，就会获得一个特性：物体自身能够刺激唾液或胃液的流动。洛克在思想问题上内省地观察到的连续性的结合，现在变成了行为模式的一个相似结合。

　　然而，巴甫洛夫的观点和洛克的观点有一个重要的区别，这正是由于这个事实，即洛克考虑的是思想而巴甫洛夫是以行动为模式。巴甫洛夫观察到的反应往往是执行一个过程至成功的终结或避免一次灾难。唾液分泌对吞咽和消化很重要，而避免我们认为是痛苦的刺激往往能保护动物免受身体伤害。这样，进入了条件反射，一种我们可以称之为情调的东西。我们不必把它与我们自己的快乐和痛苦的感觉联系起来，也不必抽象地把它与动物的优势联系起来。最重要的是：情调在某种程度上是从消极的"痛苦"到积极的"愉悦"排列的；在相当长的一段时间内，或者说是永久的，情调的增加有利于神经系统中当时正在进行的所有过程，并给予它们一种第二力量来增加情调；而且情调的降低往往会抑制当时正在进行的所有过程，并赋予它们降低情调的第二能力。

当然，从生物学的角度来说，如果不是个体的话，更大的情调必须主要发生在有利于种族延续的情况下；而较小的情调如果不是灾难性的，那么就发生在不利于种族延续的情况下。任何不符合这一要求的种族都会走刘易斯·卡罗尔的"黄油面包的苍蝇"的路，而且总会死去。然而，即使是一个注定失败的种族，只要种族持续下去，也可能显示出一种有效的机制。换言之，即使是最有自杀倾向的情调基调分配也会产生一种明确的行为模式。

清注意情调基调本身是一种反馈机制。它甚至可以给出一张图如图7所示：

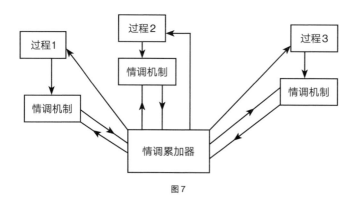

图7

在这里，情调累加器根据一些我们现在不需要指定的规则，将过去在短时间间隔内由单独的情调机制给出的情调组合起来。返回到个别情调机制的线索，用于在累加器的输出方向上修改每个过程的内在情调，并且这种修改一直持续到它被累加器稍后的消息修改为止。从

128 累加器到过程机制的返回线索，如果总情调增加，则用于降低阈值；如果总情调减少，则用于提高阈值。它们同样具有长时间的效应，会一直继续直到它被累加器的另一个脉冲所改变。然而，这种持久的影响仅限于在返回消息到达时实际存在的那些过程，并且类似的限制也适用于对个体情调机制的效应。

我想强调的是，我并不是说条件反射的过程是按照我所给的机制运作的；我只是说它可以这样运作。然而，如果我们采用这个或任何类似的机制，我们可以说很多关于它的事情。一是这种机制具有学习能力。人们已经认识到条件反射是一种学习机制，这一思想已被应用于对大鼠迷宫学习的行为主义研究中。所需要的是，所使用的诱因或惩罚，分别有一个积极的和一个消极的情调。这当然是事实，并且实验者通过经验而不是简单的先验考虑来学习这种情调的性质。

另一个相当有趣的重点是，这种机制涉及到某一组特定的信息，这些信息通常进入神经系统，传递给处于接收状态的所有元素。这些是情调累加器的返回信息，在一定程度上是情调机制向累加器传递的信息。事实上，累加器不需要是一个单独的元件，而可能仅仅代表来自个体情调机制的信息的一些自然组合效应。现在，这样的"致可能有关人士"信息很可能通过神经以外的渠道以最小的仪器成本最有效地发送出去。以类似的方式，矿井的普通通信系统可以由一个电话中心组成，带有连接线路和一些装置。当我们急着要疏散一个矿井时，我们不相信这个电话中心，而是在进气口打破一管硫醇。像这样的化学信使，或者像激素一样，对于没有写给特定收件人的信息来说，是最简单、最有效的。现在，让我进入我所知道的纯粹的幻想。荷尔蒙活动的高感情和由此产生的情感含量是最具暗示意义的。这并不意味着一个纯粹的神经机制不具备情调和学习的能力，但它确实意味着，在研究我们精神活动的这一方面时，对荷尔蒙传播的可能性视而不见的后果，我们负担不起。

129

在弗洛伊德的理论中，记忆 —— 神经系统的储存功能 —— 和性的活动都涉及到。这是事实，如果把上面的概念与这一事实联系起来，那可能是过分的幻想。性是一方面，和所有的情感内容是另一方面，包含一个非常强大的荷尔蒙元素。关于性和荷尔蒙的重要性的这个建议是由 J. 莱特文博士和奥利弗·塞尔弗里奇先生向我提出的。虽然目前没有足够的证据证明其有效性，但原理上并不明显荒谬。

在计算机的本质中，没有什么能阻止它显示条件反射。让我们记住，一台运行中的计算机不仅仅是设计者建造进去的继电器和存储机制的级联。它还包含其存储机制的内容，并且这些内容在一次运行过程中永远不会被完全清除。我们已经看到，与个体生命相对应的是计算机的运行，而不是计算机机械结构的整个存在。我们还看到，在神经计算机器中，信息很有可能是大部分以突触渗透性的变化来存储的，而构建以这种方式存储信息的人工机器是完全可能的。例如，完全有可能使进入存储器的任何信息以永久或半永久的方式改变一个或多个真空管的栅极偏置，从而改变脉冲总和的数值，从而使一个或多个真空管着火。

关于计算机和控制机中学习装置的更详细的描述，以及它的用途，很可能最好留给工程师，而不是留给这样的一本预备书。也许这一章的其余部分最好专门讨论现代计算机的更发达、正常的用途。其中一个主要的是偏微分方程的求解。即使是线性偏微分方程也需要记录大量的数据才能建立起来，因为这些数据涉及两个或多个变量函数的精确描述。对于双曲型方程，像波动方程，典型的问题是在给定初始数据时求解方程，这可以通过从初始数据到以后任何给定时间的结果的渐进方式来完成。抛物型方程大致上也是如此。当涉及到椭圆型方程时，自然数据是边界值而不是初始值，自然的求解方法涉及一个逐次
130 逼近的迭代过程。这个过程重复了很多次，因此非常快速的方法，例如现代计算机的方法，几乎是必不可少的。

　　在非线性偏微分方程中，我们忽略了线性方程有的 —— 一个合理充分的纯数学理论。在这里，计算方法不仅对处理特殊的数值情况很重要，而且正如冯·诺依曼所指出的那样，我们需要它们来形成对大量特殊情况的了解，没有这些情况我们很难形成一个一般的理论。在某种程度上，这是借助于非常昂贵的实验设备，如风洞来完成的。正是这样，我们才熟悉了激波、滑动面、湍流等更为复杂的性质，对于它们，我们几乎无法给出充分的数学理论。可能有多少类似性质的未被发现的现象，我们不得而知。与数字机器相比，模拟机器的精确度要低得多，而且在许多情况下要慢得多，因此数字机器给了我们更多的未来希望。

　　在使用这些新机器的过程中，人们已经清楚地认识到，它们需要自己的纯数学技术，这与手工计算或使用较小容量机器的技术截然不同。例如，即使使用机器计算中高阶行列式或同时求解二十个或三十个联立线性方程组，也显示出在研究小阶类似问题时不会出现的困难。

除非在设置一个问题时谨慎行事，否则这些问题可能会完全剥夺任何重要数字的解决方案。人们通常会说，像超高速计算机这样的优秀、有效的工具，在那些不具备充分利用它们的足够技术水平的人手中是不合适的。超高速计算机肯定不会减少对具有高水平的理解和技术培训的数学家的需要。

在计算机的机械或电气结构中，有几个准则值得考虑。一是相对频繁使用的机构，如乘法或加法机构，应采用相对标准化的组合形式，以适应某一特定用途而不是其他用途；而那些更为偶然使用的部件，则应在使用时，利用也可用于其他目的的元件进行组装。与此密切相关的是，在这些更为通用的机构中，应根据其一般特性提供零部 131 件，而不应该永久地分配与一个特定的其他部分的器具相联系。应该有某部分设备，比如自动电话交换机，它会寻找各种各样的空闲的组件和连接器，并根据需要分配它们。这将消除很多非常大的费用，这是由于有大量的未使用的元件不能使用，除非他们的整个大型组件被使用。当我们考虑交通问题和神经系统超载时，我们会发现这个原则非常重要。

最后，请允许我指出，一台大型计算机，无论是以机械或电气设备的形式，还是以大脑本身的形式，都会消耗大量的能量，所有这些能量都会被浪费，并在热量中消散。离开大脑的血液比进入大脑的血液温度高出1度的几分之一。没有其他计算机能比得上大脑的能量经济性。在Eniac或Edvac这样的大型设备中，灯丝消耗的能量很可能以千瓦为单位，并且除非提供足够的通风和冷却设备，否则系统将遭受等效于发热的机械作用，直到机器的常数被热量从根本上改变，它的性能就崩溃了。然而，每次单独运算所消耗的能量几乎是微乎其微的，甚至还没有开始形成对设备性能的充分测量。机械大脑不会像早期唯物主义者声称的那样"像肝脏分泌胆汁一样"分泌思想，也不会像肌肉输出活动那样以能量的形式释放思想。信息就是信息，不是物质或能量。任何不承认这一点的唯物主义在今天都无法生存。

第 6 章
格式塔与普遍性

　　我们在前一章中讨论过的其他事情之一是，为洛克的思想联系的理论指定一种神经机制的可能性。洛克认为，这是根据三个原则发生的：相邻原则、相似原则和因果原则。其中的第三个被洛克，甚至更确切地说被休谟，简化为无非是恒定的伴随，因此被归入第一个，即相邻性。第二个相似性，值得更详细的讨论。

　　我们如何识别一个男人特征的标识，是我们看到他的侧面，四分之三的脸，还是全脸？我们怎样才能把一个圆认作一个圆，不管它是大是小，是近是远？事实上，它是在一个与眼睛在中间相遇的直线垂直的平面上，被看作是一个圆，还是有其他的方向，被看作是一个椭圆？我们如何在云层中，或者在一个罗夏试验[1]的污点中，看到人脸、动物和地图？所有这些例子都涉及眼睛，但类似的问题延伸到其他感官，而其中一些与感官间的关系有关。我们如何把一只鸟的叫声或一个昆虫的鸣叫声用语言表达出来？我们如何通过触摸识别一个硬币的圆度？

---

1. 罗夏试验：瑞士心理学家罗夏所提出的一种心理技术测验。这种测验，根据受试者从墨水污点中看出的图画，来判断他的智力倾向。例如，看出野兽的图画就与思想的刻板有关。——俄译者注

　　就目前而言，让我们把自己局限在视觉上。比较不同物体形态的一个重要因素当然是眼睛和肌肉的相互作用，不管它们是眼球内的肌肉、移动眼球的肌肉、移动头部的肌肉，还是移动整个身体的肌肉。事实上，这种视觉肌肉反馈系统的某种形式其重要性一直向下延伸到动物界的扁形虫。在那里负向光性，即避光倾向，似乎是由两个眼点的脉冲平衡所控制的。这种平衡被反馈给躯干的肌肉，将身体从光线转开，再和一般的前进冲动相结合，使动物进入最黑暗的区域。有兴趣注意的是，一对带有适当放大器的光电池、一个平衡其输出的惠斯通电桥以及进一步的放大器控制双螺杆机构的两个电机输入，这一个组合将使我们能够对小船进行非常充分的避光控制。我们很难或不可能把这种机构压缩成扁形虫所能携带的尺寸，但这里我们只对另一个读者现在必须熟悉的事实作例证，即与最适合人工技术的机械相比，生物机械往往具有更小的空间尺度，尽管另一方面，电子技术的使用使人工机械在速度上比生物有机体有巨大的优势。

　　不经过所有的中间阶段，让我们马上来看看人类的眼部肌肉的反馈。其中一些是纯稳态性质的，例如当瞳孔在黑暗中打开以及在光线下关闭，这样倾向于将进入眼睛的光线限制在比其他情况下更窄的范围内。另一些人则注意这样一个事实，即人眼很经济地把它的最佳形状和色觉限定在一个相对较小的中央凹上，而它的运动知觉在外围则更好。当外周视觉通过亮度、光的对比度、颜色或者最重要的是通过运动捕捉到一些显眼的物体时，就会有一个反射反馈把它带到中央凹。这种反馈伴随着一个复杂的系统由相互关联的从属反馈组成，这种反馈系统倾向于将两只眼睛会聚在一起，使吸引注意力的物体位于每个眼球视野的相同部分，并使透镜聚焦，以使其轮廓尽可能清晰。

这些动作是由头部和身体的运动来补充的，如果单靠眼睛的运动不能很容易地做到这一点，我们就可以通过头部和身体的运动把物体带到视觉中心，或者通过头部和身体的运动，我们可以把视野之外的、由一些其他的感官捕捉到的物体带到这个视野中。对于我们在一个角度方向上比另一个角度方向上更熟悉的物体——文字、人脸、风景等等——则还有一种机制，通过这种机制，我们倾向于将它们拉向正确的方向。

134

　　所有这些过程都可以用一句话来概括：我们倾向于将任何吸引我们注意力的物体置于一个标准的位置和取向，以便我们形成的视觉形象在尽可能小的范围内变化。这并没有耗尽感知对象的形式和意义所涉及的过程，但它肯定有助于所有后来趋向于这一目的的过程。这些后期的过程发生在眼睛和视觉皮层。有相当多的证据表明，在相当多的阶段中，这一过程中的每一步都会减少与视觉信息传递有关的神经元通道的数量，并使这些信息更接近一步其使用和保存在记忆中的形式。

　　视觉信息集中的第一步发生在视网膜和视神经之间的过渡。值得注意的是，虽然在中央凹中，视杆和视锥与视神经纤维之间几乎一一对应，但在周围的对应是一根视神经纤维对应于十个或更多的末端器官。这是完全可以理解的，看到这个事实即外周纤维的主要功能与其说是视觉本身，不如说是用于眼睛的定心和聚焦导向机制的采集。

　　视觉最显著的现象之一是我们识别轮廓图的能力。很明显，一张轮廓画，比如说一个人的脸，在颜色上，或者在光影聚集上，与脸本身几乎没有相似之处，但它可能是一幅最容易辨认的为对象作的肖像画。对此最合理的解释是，在视觉过程的某个地方，轮廓被强调，而图像的某些其他方面的重要性被最小化。这些过程的开始是在眼睛本身。像所有的感官一样，视网膜也受到调节的影响；也就是说，一种刺激的持续维持降低了它接收和传递那种刺激的能力。这一点，对于用恒定的颜色和光照记录一大块图像内部的受体来说，最为明显，因为即使是视觉上不可避免的焦点和注视点的轻微波动，也不会改变所接收图像的特征，在两个对比区域的边界上是完全不同的。在这里，这些波动产生了一种刺激和另一种刺激之间的交替，这种交替，正如我们在后像现象中看到的那样，不仅不会因为调节而耗尽视觉机制，甚至会增强其敏感性。无论两个相邻区域之间的对比度是光强度还是颜色，都是如此。作为对这些事实的评论，让我们注意到，视神经中四分之三的纤维只对闪光的"开"光作出反应。因此，我们发现眼睛在边界处得到最强烈的印象，而事实上，每一个视觉图像都有一些线条画的性质。

可能并不是所有的行动都是外围的。在摄影中，人们知道，对一个平板的某些处理会增加它的对比度，而这种非线性的现象肯定不会超出神经系统的能力。它们与我们已经提到的电报中继器的现象有关。像这样，他们使用一个没有模糊到超过某一点的印象来触发一个标准清晰度的新印象。无论如何，它们减少了图像所携带的全部不可用信息，并且可能与视觉皮层不同阶段的传输纤维数量减少有关。

因此，我们指定了几个实际的或可能的阶段，图解我们的视觉印象。我们把图像集中在注意力的中心，或多或少地把它们缩小成轮廓。我们现在必须将它们相互比较，或者至少与存储在记忆中的标准印象进行比较，例如"圆形"或"正方形"。这可以用几种方法来完成。我们已经给出了一个粗略的草图，它表明了如何机械化毗连结合的洛克原则。让我们注意到，毗连原则也涵盖了许多其他洛克的相似原则。同一物体的不同方面，常常可以在那些使它引起注意的过程中看到，也可以在那些使我们看到它的其他运动中看到，现在是在一个距离，过后又是在另一个距离，现在是从一个角度，过后又是从一个不同的角度。这是一个普遍的原则，不局限于任何特定意义上的应用，在比较我们更复杂的经验时无疑是非常重要的。然而，这可能并不是导致我们形成具体的视觉总体观念的唯一过程，或者，不是洛克所说的"复杂观念"。我们视觉皮层的结构组织得太过严密，太过具体，以至于我们无法假设它是通过一种高度概括的机制来运作的。这给我们留下的印象是，我们在这里处理的是一种特殊的机制，它不仅是通用元件与可互换零件的临时装配，而且是一种永久性的装配部件，就像计算机的加法和乘法装配一样。在这种情况下，值得考虑的是这样一 136 个装配部件可能如何工作以及我们应该如何着手设计它。

一个物体可能的透视变换形成了所谓的群，在我们已经在第2章中定义的意义上。这个群定义了几个变换的子群：仿射群，其中我们只考虑那些保持无穷远的区域不变的变换；关于给定点的齐次扩张，其中一个点、轴的方向和所有方向上的尺度相等被保留；保持长度的变换；围绕一点的二维或三维旋转；所有平移的集合；等等。在这些群中，我们刚才提到的那些是连续的；也就是说，属于它们的操作是由适当空间中若干连续变化的参数的值决定的。因此，它们在 n-空间中形成多维配置，并包含构成该空间中区域的变换子集。

现在，就像普通二维平面上的一个区域被电视工程师所知的扫描过程所覆盖一样，通过扫描过程，该区域中几乎均匀分布的一组样本位置被用来代表整体，因此，一个群空间中的每个区域，包括这样一个空间的整体，可以用群扫描的过程来表示。在这样一个绝不局限于三维空间的过程中，空间中的一个位置网是按一维顺序遍历的，而这个位置网是如此分布，以至于在某种适当定义的意义上，它接近该区域中的每个位置。因此，它将包含尽可能接近我们所希望的任何位置。如果这些"位置"或参数集实际用于生成适当的变换，则意味着通过这些变换来变换给定图形的结果，将与通过位于所需区域的变换运算符，变换图形的任何给定结果尽可能接近。如果我们的扫描足够精细，并且变换的区域具有所考虑的群变换的区域的最大维数，这意味着实际遍历的变换将产生一个结果区域，该区域与原始区域的任何变换重叠的量，是其面积的一部分，尽我们所希望的那样大。

然后让我们从一个固定的比较区域和一个要与之比较的区域开始。如果在变换群的扫描的任何阶段，在扫描的某一变换下要比较的区域的图像，比给定的公差允许的更完美地与固定图案重合，则记录这一点，并且说这两个区域是相似的。如果这种情况在扫描过程的任何阶段都没有发生，那么它们就被认为是不同的。这个过程完全适合于机械化，并且作为一种方法来识别图形的形状，与图形的大小、方向或要扫描的群区域中可能包含的任何变换无关。

如果这个区域不是整个群，很可能是区域A看起来像区域B，区域B看起来像区域C，而区域A看起来不像区域C。这在现实中肯定会发生。一个图形可能与反转的同一个图形没有任何特别的相似之处，至少就直接印象而言，不涉及任何更高的过程。然而，在其反转的每个阶段，可能有相当大范围的相邻位置出现相似。由此形成的普遍"观念"不是完全不同的，而是相互渗透的。

　　还有其他更复杂使用群扫描的方法，从群的变换中来抽象。我们这里所考虑的群有一个"群测度"，一个概率密度，它取决于变换群本身，当群的所有变换都被变换群的任何特定变换所改变（通过被前置或后置该群的任何变换）时，它不会改变。以这样的方式来扫描群是可能的，即相当大类别的任何区域的扫描密度——即，在群的任何完整扫描中，可变扫描元件在该区域内经过的时间长度——与其群测度密切成比例。在这种均匀扫描的情况下，如果我们有任何量取决于由群变换的一个集合 S 的元素，并且如果这个集合的元素是由群的所有变换来变换的，那么让我们用 $Q(S)$ 来表示取决于 S 的量，我们用群的变换 TS 来表示群的变换 T 对集合 S 的变换。当 S 被 TS 替换时，$Q(TS)$ 将是替换 $Q(S)$ 的量的值。如果我们关于变换 T 的群对群测度进行平均或积分，我们将得到一个量，我们可以写成这样的形式

$$\int Q(TS)\,dT \qquad\qquad (6.01)$$

　　其中积分是在群测度上的。量6.01对于在群的变换下可相互交换的所有集合 S 是相同的，也就是说，对于在某种意义上具有相同[138]形式或格式塔的所有集合 S。如果在数量上进行积分，就有可能获得形式的近似可比性，其中如果被积函数 $Q(TS)$ 在省略的区域上很小，则6.01的积分区域小于整个群。群测度就讲到此为止。

近年来，一个失去一种知觉的义肢被另一个知觉取代的问题引起了广泛的关注。最戏剧性的尝试来达成这个的就是设计了一种盲人阅读设备，它利用光电池工作。我们假设这些努力局限于印刷品，甚至局限于单个字体或少量字体。我们还应该假设页面的对齐、行的居中、行与行之间的横越是手动处理的，也可能是自动处理的。如我们所见，这些过程与我们视觉完形判断的一部分相对应，这一部分取决于肌肉反馈和我们正常的定心、定向、聚焦和会聚装置的使用。现在，随着扫描设备依次经过各个字母，出现了确定它们的形状的问题。有人建议，这可以通过使用几个垂直排列的光电池来实现，每个光电池都连接到不同音高的发声设备上。这可以通过黑色的字母注册为沉默或声音来完成。让我们假设后一种情况，假设三个光电池接受器相互重叠。让它们记录一个和弦的三个音符，比如说，最高的音符在上面，最低的音符在下面。那么大写字母 F，我们说，会记录下来

　　　————————————　　上面音符的长度

　　　————————　　中间音符的长度

　　　—　　下面音符的长度

大写字母 Z 将记录成

　　　　————————————

　　　　　　—

　　　　————————————

大写字母 O

　　　　　—

　　　—　　　　—

　　　　　—

等等。在我们的翻译能力给予的普通帮助下，阅读这样的听觉代码应该不会太难，比如说，也不会比读盲文更难。

然而，所有这些都取决于一件事：光电池与字母垂直高度的适当关系。即使是标准化的字体，字体的大小也有很大的变化。因此，我们希望能够将扫描的垂直比例向上或向下拉，以便将给定字母的印象化成标准。我们至少要可以处理一些垂直扩张群的变换，不管是手动的还是自动的。

我们有几种方法可以做到这一点。我们可以考虑光电池的机械垂直调整。另一方面，我们可以使用一个相当大的垂直排列的光电池阵列，并根据字体的大小改变音高分配，让那些上面和下面的类型沉默。例如，借助于两组连接器的模式，输入来自光电池，然后导向一系列越来越宽的发散的开关，然后输出一系列垂直线，如下图

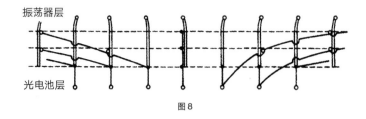

图 8

所示。在这里，单线代表来自光电池的引线，双线代表通向振荡器的引线，虚线上的圆圈代表输入和输出引线之间的连接点，虚线本身代表一组振荡器中的一个或另一个起作用的引线。这就是我们在引言中提到的装置，它是由麦卡洛克设计的，目的是调整字体的高度。在第一个设计中，虚线和虚线之间的选择是手动的。

就是这张图，当给冯·博宁博士看的时候，暗示了视觉皮层的第四层，是那些连接的圆圈暗示了这一层的神经元细胞体，排列成水平密度均匀变化的亚层，大小的变化与密度方向相反。水平引线可能是按某种循环顺序激发的。整个装置似乎很适合于群扫描过程。当然，在上层输出的时候，一定有某个重组的过程。

这就是麦卡洛克提出的一种在大脑中用于检测视觉完形的装置。它代表一种可用于任何类型的群扫描的设备。类似的事情也发生在其他感觉上。在耳朵里，音乐从一个基音到另一个基音的变调只不过是频率对数的平移，因此可以由群扫描装置来执行。

因此，群扫描组件具有明确、适当的解剖结构。必要的开关可以由独立的水平引线来完成，水平引线提供足够的刺激，将每个等级的阈值移动刚好适当的量，以便引线打开时触发。虽然我们不知道机器性能的所有细节，但推测出一种符合解剖学的可能的机器一点也不困难。简言之，群扫描组件很好地适应了，形成与数字计算机的加法器或乘法器相对应的、那一类大脑的永久子组件。

最后，扫描设备应该有一个内在的操作周期，这个周期应该能够在大脑的表现中被识别出来。这一周期的数量级应显示在，直接比较不同大小物体的形状所需的最短时间中。只有在两个大小没有太大差别的对象之间进行比较时，才能进行此操作；否则，这是一个长时间的过程，暗示了非特定组件的操作。当直接比较似乎是可能时，它似乎需要一个数量级为十分之一秒的时间。这似乎也符合激发所需时间的数量级，以循环序列刺激所有的横向连接层。

虽然这个循环过程可能是局部决定的，但有证据表明，大脑皮层的不同部位存在广泛的同步性，这表明它是由某个定时中心驱动的。事实上，它具有与大脑的阿尔法节律相适应的频率顺序，如脑电图所示。我们可能怀疑这种阿尔法节奏与形式感知相伴随，它与扫描节奏的性质类似，就像电视设备扫描过程中显示的节奏一样。它在深度睡眠中消失，并且似乎被其他节奏所掩盖和覆盖，正如我们可能预期的那样，当我们实际上在观察某样东西时，扫频节奏就像是其他节奏和 141 活动的载体。它在下列时候最明显：当醒着的时候闭上眼睛，或者当我们盯着空间没有看具体东西的时候，就像在一个瑜伽士的抽象状态下，[1]当它显示出一个几乎完美的周期性时。

我们刚刚看到，感觉假肢的问题 —— 即用另一种仍然可用的感官，来代替通常通过失去的感官所传递的信息的问题 —— 是重要的而且并不一定无法解决的。使它更有希望的事实是，通常通过一种感觉接近的记忆和联系区域，不是用一把钥匙单个锁着的，而是可以用来储存从其他感觉收集的印象，而不是仅存储它们通常所属的感觉。一个失明的人，也许与一个先天性失明的人不同，不仅保留着比他的事故日期更早的视觉记忆，甚至能够以视觉形式储存触觉和听觉印象。他可能在一个房间里摸索着走，但却对它应该是什么样子有一个印象。

因此，部分他的正常视觉机制是可以达到的。另一方面，他失去的不仅仅是眼睛：他还失去了视皮层的那一部分，视皮层可以被视为组织视觉印象的固定组件。不仅有必要给他配备人工视觉感受器，还

1.英国布里斯托尔的W.格雷·沃尔特博士的个人通信

有必要给他配备一个人工视觉皮层，这将把他新感受器上的光印痕翻译成一种与视觉皮层正常输出相关的形式，使得通常看起来相似的物体现在听起来也一样。

因此，以听觉代替视觉的可能性的标准，至少在部分是在皮层水平上可识别的不同视觉模式和可识别的不同听觉模式的数量之间的比较。这是对信息量的比较。鉴于感觉皮层不同部分的组织结构有某些相似，比较两部分皮层的面积可能差别不大。这大约是视觉和声音的 100:1。如果所有的听觉皮层都用于视觉，我们可以期待得到一个 142 量的信息接收，大约是通过眼睛传入的 1%。另一方面，我们通常用于估计视觉的尺度是根据获得一定程度的模式分辨率的相对距离，因此 10/100 的视力意味着大约正常的 1% 的信息流的量。这是很差的视力；然而，这绝对不是失明，拥有这种视力的人也不必认为自己是盲人。

在另一方向，情况更为有利。眼睛只需使用它百分之一的设施，就可以检测出耳朵的所有细微差别，并且仍能留下大约 95/100 的视力，这个视力基本上是完美的。因此，感觉假肢的问题是一个非常有 143 希望的研究领域。

第 7 章
控制论与精神病理学

我有必要以否认开始这一章。一方面，我既不是精神病理学家，也不是精神病医生，在经验指导是唯一值得信赖的领域缺乏任何经验。另一方面，我们对大脑和神经系统的正常表现的认识，更确切地说，我们对它们的异常表现的认识，还远远没有达到一种先验理论可以获得任何信心的完美状态。因此，我希望事先否认任何断言，即精神病理学中的任何特定实体，例如克莱佩林和他的门徒所描述的任何病态状态，都是由于作为计算机的大脑组织中的特定类型的缺陷造成的。那些可能从本书的考虑中得出这种具体结论的人，是在自己承担风险的情况下这样做的。

然而，意识到大脑和计算机有许多共同点，这可能会为精神病理学甚至精神病学提供新的有效途径。以也许是所有的当中最简单的问题开始：大脑如何避免由于单个部件的故障而导致的严重失误、严重的活动流产。与计算机有关的类似问题具有非常重要的实际意义，因为在这里，一系列的操作，每一个操作只涉及一毫秒的一小部分，可能持续数小时或数天。一系列计算操作很可能涉及 10^9 个分开的步骤。在这种情况下，至少一次操作出错的可能性远远不能忽略，即使现代电子设备的可靠性已经远远超出了最乐观的预期。 144

在手工或台式计算机的普通计算实践中，习惯是检查计算的每一步，并且在发现错误时，从发现错误的第一个点开始，通过向后的过程来定位错误。在高速机器上进行检查时，必须按照原机器的速度进行，否则机器的整个有效速度顺序将与较慢的检查过程一致。此外，如果使机器保留其演算的所有中间记录，其复杂性和体积将增加到无法忍受的程度，其因数可能大大高于2或3。

一种更好的检查方法，实际上是实践中普遍使用的方法，是将每个操作同时提交给两个或三个单独的机制。在使用这两种机制的情况下，它们的答案会自动相互对照；如果存在差异，所有数据都会被传输到永久存储器，机器停止，并向操作员发送一个信号，表明出了问题。然后操作员比较结果，并在它们的指导下寻找故障部分，可能是一根烧坏了需要更换的管子。如果每个阶段使用三个单独的机构，并且单个故障与实际情况一样罕见，那么三个机构中的两个机构之间实际上总是一致的，并且该一致将给出所需的结果。在这种情况下，校勘机制接受多数的报告，机器不需要停止；但有一个信号表明，少数的报告与多数的报告在何处以及如何不同。如果这发生在不一致的第一个时刻，则错误位置的指示可能非常精确。在一台设计良好的机器中，在操作序列的某一特定阶段不会指定特定的元件，但在每个阶段都有一个搜索过程，与自动电话交换机中使用的搜索过程非常相似，它会找到给定种类的第一个可用元件，并将其切换到操作序列中。在这种情况下，拆除和更换有缺陷的元件不一定会造成任何明显的延误。

这一过程中至少有两种成分也出现在神经系统中，这是可以想象的，也不是不可能的。我们很难期望任何重要的信息被委托给一个神经元来传递，也不能期望任何重要的操作被委托给一个神经元机制。就像计算机一样，大脑可能是根据刘易斯·卡罗尔在《猎蛇记》中阐 145 述的著名原理的一个变体工作的："我告诉你三次的才是真的。"同样不可能的是，用于传递信息的各种渠道通常是从一个方向到另一个方向而没有相互连接。更可能的是，当一个消息进入神经系统的某个层次时，它可能会离开那个层次，由一个或多个被称为"神经间池"的替代成员进入下一个层次。事实上，神经系统的某些部分，这种互换性受到很大限制或被废除，这些很可能是大脑皮层高度专门化的部分，就像那些作为特殊感觉器官向内延伸的部分一样。尽管如此，这一原则仍然适用，而且可能最清楚地适用于相对未专门化的皮层区域，这些区域服务于联想和我们称之为高级精神功能的目的。

到目前为止，我们一直在考虑功能性错误，这是正常的，只是在一个扩展的意义上的病理。现在让我们来谈谈那些更明显是病态的。精神病理学让医生们的本能唯物主义大失所望，他们认为每一种疾病都必须伴随某些特定组织的物质损伤。确实，特定的脑部病变，如受伤、肿瘤、血栓等等，可能会伴有精神症状，同时某些精神疾病，如轻瘫，是一般身体疾病的后遗症，表现出脑组织的病理状态；但目前还没有办法确定精神分裂症患者的脑部是严格的克雷佩林类型之一，也不是躁郁症患者，也不是偏执狂。这些疾病我们称之为功能性疾病，这种区别似乎违背了现代唯物主义的教条，即每一种功能性疾病在相关组织中都有一定的生理的或解剖学基础。

功能性疾病和器质性疾病之间的区别从计算机的考虑中得到了很大的启示。正如我们已经看到的，与大脑相对应的不是计算机的空洞的物理结构——至少与成人大脑相对应——而是这种结构与一系列操作开始时给出的指令以及在这条链条的过程中从外部存储和获得的所有附加信息的结合。这些信息是以某种物理形式存储的——以记忆的形式——但其中一部分是以循环记忆的形式存储的，当机器关闭或大脑死亡时，这种物理基础就会消失，而部分是以长期记忆的形式，它们以一种我们只能猜想的方式储存，但是可能也以一种具有物理基础、死亡时消失的形式储存。我们所知的还没有办法在尸体上辨认出一个给定突触在生命中的阈值；而即使我们知道这一点，我们也没有办法跟踪出与之沟通的神经元和突触链，并确定这条链对于它记录的概念内容的意义。

　　因此，将功能性精神障碍视为记忆、大脑在活动状态下保持的循环信息以及突触的长期通透性的根本疾病也就不足为奇了。即使是像轻瘫这样更严重的疾病也可能产生很大一部分的影响，与其说是由于它们所涉及的组织破坏和突触阈值的改变，不如说是由于交通的二次干扰——神经系统剩余部分的超载和信息的重新通路——必须遵循这样的一次损伤。

　　在一个含有大量神经元的系统中，循环过程很难长时间保持稳定。或者，就像属于"表面上的现在"的记忆一样，它们运行自己的过程，消耗自己，然后消失，或者它们包括了自己系统中越来越多的神经元，直到它们占据了神经元池中过多的部分。这就是我们应该期待的伴随着焦虑神经症的恶性忧虑的情况。在这种情况下，病人可能根本没有空间，没有足够数量的神经元来进行正常的思维过程。在这种情况下，大脑中可能没有太多的活动去装载尚未受影响的神经元，使它们更容易参与扩张过程。此外，永久记忆的参与越来越深，最初发生在循环记忆水平上的病理过程可能在永久记忆水平上以更难处理的形式重复。因此，一开始只是相对琐碎和偶然的稳定性逆转，可能会把自己建立成一个完全破坏正常精神生活的过程。

在机械或电子计算机的情况下，具有某种相似性质的病理过程并非未知。一个车轮的一个轮齿可能正是在这样的条件下打滑，即与之啮合的任何一个轮齿都无法将其拽回到正常关系的位置，或者一台高速电子计算机可能进入一个似乎无法停止的循环过程。这些突发事件可能取决于系统的一个极不可能的瞬时配置，并且，当补救时，可能永远不会 —— 或很少 —— 重复它们自己。然而，当它们发生时，它们会暂时使机器停止工作。 147

我们在使用机器时如何处理这些事故？我们要做的第一件事是清除机器上的所有信息，希望当它用不同的数据重新启动时，困难不会再出现。若非如此，如果此困难在某个点永久或暂时无法达到清除机制，我们摇动机器，或者，如果是电气的，使其受到异常大的电脉冲，希望我们可以到达进不去的部分，把它扔到一个它运行的错误循环将被打断的位置。即使这样做都失败了，我们也可以把设备的一个出错的部分断开，因为有可能剩下的就足以达到我们的目的了。

现在除了死亡之外，没有什么正常的过程可以完全清除大脑中所有过去的印象；而在死亡之后，就不可能再一次让它走起来了。在所有正常的过程中，睡眠最接近于非病理性的清除。多么经常我们发现，处理一个复杂的忧虑或智力混乱的最好方法就是把它睡过去！然而，睡眠并不能清除更深层次的记忆，事实上，足够恶性的忧虑状态也不能与充足的睡眠相兼容。因此，我们常常被迫对记忆周期采取更为暴力的干预措施。其中更为暴力的是对大脑进行外科干预，留下永久性的损伤、残缺和对受害者能力的削减，因为哺乳动物的中枢神经系统似乎不具备任何再生能力。主要的已有实践的外科手术被称为前额叶切除术，包括切除或孤立部分前额叶皮质。它最近很流行，这可能与它使许多病人的监护更容易有关。让我顺便说一句，杀死他们使他们的监护更加容易。然而，前额叶切除术似乎确实对恶性忧虑有真正的效果，不是通过使病人更接近于解决他的问题，而是通过损害或破坏维持忧虑的能力，这在另一个专业术语中被称为良心。更一般地说，它似乎限制了循环记忆的所有方面，即记住一个实际没有出现的情况的能力。

　　休克疗法的各种形式——电疗法、胰岛素疗法、甲硝唑疗法——都是做类似事情的不那么激烈的方法。它们不会破坏脑组织，或者至少无意破坏脑组织，但它们确实对记忆有明显的破坏作用。就循环记忆而言，这种记忆主要是由于最近一段时间的精神障碍而受损的，而且无论如何可能几乎不值得保存，休克治疗有一些明确的建议，可以作为脑叶切除术的对照；但它并不总是对永久记忆和个性不存在有害的影响。就目前的情况来看，这是另一种暴力的、不完全理解的、不完全控制的方法来打断心理恶性循环。但这并不妨碍它在许多情况下成为我们目前能做的最好的事情。

　　脑叶切除术和休克疗法，就其本质而言，更适合处理恶性循环记忆和恶性忧虑，而不是更深层次的永久性记忆，尽管它们在这里也可

能有一些效果。正如我们所说，在长期存在的精神障碍病例中，永久
记忆和循环记忆一样严重紊乱。我们似乎没有任何纯粹的药物或手
术武器有差异地来干预永久记忆。这是精神分析和其他类似的心理
治疗措施的用武之地。无论精神分析是在正统的弗洛伊德意义上进行
的，还是在荣格和阿德勒的修正意义上进行的，或者我们的心理治疗
根本不是严格的精神分析，我们的治疗显然是基于这样一个概念，即
大脑储存的信息存在于许多可访问的层次上，而且比可以通过直接的
独立的内省来访问的更丰富、更多样化；它是由情感经验所训练形成
的，而我们不能总是通过这种内省来发现情感经验，要么因为它们在
我们的成人语言中从来没有被明确表达出来，要么因为它们被一种确
定的、情感的尽管通常是非自愿的机制所掩埋；这些储存的经验的内
容，以及它们的情调，以一种很可能是病态的方式制约着我们以后的
许多活动。精神分析学家的技术包括一系列的手段来发现和解释这些
隐藏的记忆，使病人接受它们的本来面目，并通过它们的接受来至少
改变（如果不是内容的话）它们所承载的情调，从而使它们的危害性
更小。所有这些都与这本书的观点完全一致。这也许也解释了为什么
在某些情况下需要联合使用休克治疗和心理治疗，结合针对神经系统
中的混响现象的物理或药物治疗，以及针对长期记忆的心理治疗，这 149
种治疗不受干扰，可能从休克治疗打破的恶性循环中重建。

我们已经提到了神经系统的交通问题。许多作家，如达里·汤普
森[1]，都评论说，每种组织形式都有一个规模上限，超过这个上限就无
法发挥作用。因此，昆虫的组织受到管子长度的限制，在管子长度上，

1.达里·汤普森，《论生长与形态》，Amer. ed., The Macmillan Company，纽约，1942.

通过扩散将空气直接输送到呼吸组织的气孔法将发挥作用；陆地动物不能太大，否则它的腿或其他与地面接触的部分会被它的重量压碎；一棵树受到从根到叶的转移水分与矿物质的机制的限制，以及从叶到根的光合作用产物的限制；等等。在工程建设中也观察到同样的情况。摩天大楼的尺寸是有限的，因为当它们超过一定高度时，上层所需的电梯空间会消耗下层的过多横截面。超过一定跨度时，用具有给定弹性特性的材料建造的最佳悬索桥将在自重作用下倒塌；超过一定更大的跨度时，用给定材料建造的任何结构将在自重作用下倒塌。同样地，根据一个永恒的、不可扩展的计划建造的单个电话中心的大小也是有限的，电话工程师们已经对这个限制进行了非常深入的研究。

在电话系统中，重要的限制因素是用户发现不可能接通电话的那部分时间。即使是最苛刻的要求，99％的成功几率也肯定是令人满意的；90％的成功通话可能足以让业务以合理的方式进行。75％的成功率已经让人恼火，但这将使业务能够以一种马马虎虎的方式继续进行；而如果有一半的通话以失败告终，用户将开始要求把电话撤出。现在，这些代表了总体轮廓。如果呼叫经过 n 个不同的交换站，并且每个站的失败概率是独立的和相等的，为了得到总成功概率等于 p，每个站的成功概率必须是 $p^{1/n}$。因此，要在五个站后获得75％的完成呼叫的机会，我们每个站必须有大约95％的成功机会。要取得90％的成绩，我们必须在每个站都有98％的成功机会。要取得50％的成绩，我们必须在每个站都有87％的成功机会。可以看出，所涉及的站越多，当超过单个呼叫的故障临界水平时，服务变得极坏的速度就越快，而当未完全达到该故障临界水平时，服务变得极好。因此，一个涉及多个站、针对某一故障级别设计的交换服务在流量到达临界点边

缘之前，不会显示出明显的故障迹象，当它完全崩溃时，我们会遇到
灾难性的交通堵塞。

　　人类，拥有所有动物中最发达的神经系统，其行为可能取决于最
长的有效运作的神经链，因此很可能在接近超载边缘时有效地执行复
杂类型的行为，这时他将以严重和灾难性的方式让位（认输）。这种
超负荷可能以几种方式发生：要么是由于要承载的流量过多，要么是
为了承载流量而移除物理通道，要么是由于流量被不想要的系统过度
占用这些通道，比如循环记忆已经增加到了病态忧虑的程度。在所有
这些情况下，当正常的交通没有足够的空间分配给它时，一个点会突
然到来，我们会有一种精神崩溃的形式，很可能相当于精神错乱。

　　这将首先影响涉及最长神经元链的官能或运作。有明显的证据表
明，这些过程正是我们公认的普通估价规模中最高的过程。证据是这
样的：温度在接近生理极限的范围内升高会使大多数神经元过程的易
操作性增加，如果不是所有神经元过程的话。这对更高的神经元过程
来说更大，大致在我们通常估计的"高度"的量级。现在，当神经元
与其他神经元串联在一起时，单个神经元-突触系统中对一个过程的
任何促进作用都应该是累积的。因此，一个过程通过温度升高所获得
的帮助的量是它所涉及的神经元链长度的粗略测量。

　　因此，我们看到人脑在神经元链的长度上比其他动物优越，这就
是为什么精神障碍在人类中最明显，也最常见的原因。还有一种更具
体的方式来考虑一个非常类似的问题。让我们首先考虑两个大脑在几
何上相似，其中灰质和白质的权重由相同的比例因子关联，但具有不 151

同的线性维度，比例 A : B。让灰质中细胞体的体积和白质中纤维的横截面在两个大脑中大小相同。那么这两种情况下的细胞体的数量具有比率 $A^3 : B^3$，同时长距离连接器的数量比为 $A^2 : B^2$。这意味着对于相同的细胞活动密度，纤维的活动密度是大的大脑与小大脑的 A : B 倍。

如果我们把人类的大脑与低等哺乳动物的比较，我们会发现它要复杂得多。灰质的相对厚度大致相同，但分布在复杂得多的脑回和脑沟系统上。这样做的效果是以白质的量为代价增加了灰质的量。在一个脑回内，白质的减少主要是长度的减少，而不是纤维的数量的减少，因为脑回的相对的皱褶比它们在同样大小的光滑表面的大脑上离得更近。另一方面，当涉及到不同脑回之间的连接时，他们必须走的距离会因为大脑的回旋而增加。因此，人脑在短距离连接器方面似乎相当有效，但在长距离干线方面却相当有缺陷。这意味着，在交通堵塞的情况下，大脑中相互距离较远的部分首先会受到影响。也就是说，在精神错乱的情况下，涉及多个中枢、许多不同的运动过程和相当多的关联区域的过程应该是最不稳定的。这些正是我们通常应该归类为更高的过程，同时我们获得了我们期望的另一个确认，这似乎被经验所证实，即更高的过程首先在神经错乱中恶化。

有一些证据表明，大脑中的长距离路径有一种倾向，即完全跑出大脑，并穿过较低的中枢。这一点可以从切断一些长距离脑白质环路所造成的令人注意的小的损伤中看出。似乎这些表面的联系是如此的不足，以至于它们只提供了真正需要的一小部分联系。

参照这一点，惯用手和大脑半球优势的现象很有趣。用手倾向似

乎发生在低等哺乳动物身上，尽管这没有人类那么明显，部分原因可　152
能是它们执行任务所要求的组织和技能程度较低。尽管如此，在肌肉
技能上，左右两边的选择似乎确实比人类少，甚至在低等灵长类动物
中也是如此。

　　众所周知，正常人的右手习惯通常与左脑有关，少数人的左手习
惯与右脑有关。也就是说，大脑的功能并不是均匀地分布在两个半球
上，其中一个，占优势的半球，在高级功能中占有最大的份额。的确，
许多基本上是双边的功能 —— 例如，涉及视野的功能 —— 都在各自
相应的半球中有代表，尽管并非所有的双边功能都是这样。然而，大
多数"更高"的区域仅限于优势半球。例如，在成人中，在次要大脑
半球大面积损伤的影响其严重程度远没有优势半球受到类似损伤的
影响严重。在巴斯德职业生涯中相对年轻的时候，他右侧出现脑出血，
导致他中度单侧瘫痪，即偏瘫。当他死后，他的大脑进行了检查，结
果发现他右侧受伤，伤势非常严重，据说他受伤后"只有半个大脑"。
顶叶和颞叶肯定有广泛的损伤。尽管如此，这次受伤后他做了一些他
最好的工作。一个右撇子成年人的左侧类似的损伤几乎肯定是致命的，
而且肯定会使病人陷入精神和神经瘫痪的动物状态。

　　据说，婴儿早期的情况要好得多，而且在出生后的头六个月，优
势半球的广泛损伤可能会迫使通常的第二半球取代它的位置；结果病
人看起来比要是他在以后受伤，更接近正常。这与神经系统在生命的
最初几周表现出的极大的灵活性，以及随后迅速发展起来的极大的刚
性是完全一致的。如果没有如此严重的伤害，很小的孩子的惯用手改
换可能是相当灵活的。然而，早在孩子到上学年龄之前，天生的惯用

手和大脑支配地位就已经终身确立了。过去人们认为左撇子是一种严重的社会劣势。由于大多数工具、课桌和体育器材主要是为惯用右手的人设计的，所以在某种程度上确实如此。此外，在过去，人们以迷信的态度不接纳与人类规范有许多细微的差别的变体，例如胎记或红头发。出于各种动机，许多人试图甚至成功地通过教育来改变他们孩子的外在用手习惯，尽管他们当然不能改变大脑半球优势的生理基础，但后来发现，在非常多情况下，这些大脑半球的新生代都患有口吃和其他语言、阅读和写作方面的缺陷，导致严重损害了他们的生活前景和正常职业的希望。

我们现在看到了对这种现象至少一种可能的解释。在第二手的教育中，第二半球处理熟练动作（如写作）的部分受到了一种部分的教育。然而，由于这些运动与阅读、言语和其他与支配半球不可分离的活动有着最密切的联系，因此参与这类过程的神经元链必须从一个半球跨越到另一个半球，再回到这个半球；在任何复杂的过程中，他们必须一次又一次地这样做。然而，像人类大脑一样大的大脑中，大脑两半球之间的直接连接——大脑连合——数量很少几乎没有什么用处，大脑两半球之间的交通必须通过脑干的迂回路线，我们对脑干的认识非常不完善，但脑干肯定很长，很稀少，可能会被打断。结果，与演讲和写作相关的过程很可能会卷入交通堵塞，口吃是世界上最自然的事情。

也就是说，人类的大脑可能已经太大了，无法有效地使用解剖学上存在的所有设施。在猫身上，优势半球的破坏似乎比在人身上造成的伤害要小，而第二半球的破坏则可能造成更大的伤害。无论如何，两个半球的功能分配更接近相等。对人类来说，由于大脑体积的增大和复杂程度的增加而获得的好处，由于一次能有效利用的器官变少的事实而部分地被抵消了。反思一下是有趣的，我们可能正面临着自然界的一个局限性，即高度专门化的器官达到了效率下降的水平，并最终导致物种灭绝。人类的大脑可能在通往这一毁灭性专门化的道路上走得很远，就像最后一个槌头雷兽的大鼻角一样。 154

第 8 章
信息，语言与社会

组织的概念，其要素本身就是小组织，既不陌生也不新鲜。古希腊松散的联邦，神圣罗马帝国及其类似的封建同时代人，宣誓的瑞士伙伴，荷兰联合共和国，美利坚合众国，以及它以南的许多联邦国家，苏维埃社会主义共和国联盟，都是政治领域组织等级制度的例子。霍布斯笔下的利维坦是一个由小人物组成的"人国"，它是同一思想的一个例证，只是规模缩小了一个层。而莱布尼茨将活的有机体视为一个真正的充气层，在充气层中，其他的有机体，如血细胞，拥有它们的生命，只是朝着同一方向迈出的又一步。事实上，它不过是对细胞理论的一种哲学预期，根据细胞理论，大多数中等大小的动物和植物以及所有大尺寸的动物和植物都是由单位、细胞组成的，这些单位、细胞即使不是全部，也有许多独立生命有机体的属性。多细胞有机体本身可能是更高阶段有机体的建筑砖，例如僧帽水母，这是一种分化水螅虫的复杂结构，其中几个个体以不同的方式被改造，以提供营养、支持、运动、排泄和繁殖，以及整个菌落的支持。

155 　严格地说，这样一个物理上的联合菌落，并不构成组织的问题，而组织的问题在哲学上比那些在较低的个体层次上出现的问题更深。它与人类和其他社会性动物 —— 狒狒或牛群、海狸聚居地、蜜蜂的蜂巢、黄蜂或蚂蚁的巢穴 —— 截然不同。社会生活的整合程度很可能接近单个个体行为所显示的水平，然而个体可能会有一个固定的神经系统，在元素之间有永久的地形关系和永久的联系，而社会是由在空间和时间上关系不断变化的个体组成的，没有永久的、牢不可破的物理联系。蜂巢的所有神经组织都是某只蜜蜂的神经组织。那么蜂巢是如何齐心协力的呢？在这种情况下，如何达到可变的、适应的、有组织的协调行动的呢？很明显，秘密在于它的成员之间的相互交流。

这种相互交流在复杂性和内容上能够有很大的变化。对于人来说，它包含了语言和文学的全部复杂性，以及此外许多东西。对于蚂蚁来说，它可能只覆盖了一些气味。一只蚂蚁很难分辨出一只蚂蚁和另一只蚂蚁。它当然能区分出从自己的巢穴和从外来的巢穴来的蚂蚁，并且可能与一个蚂蚁合作，摧毁另一个蚂蚁。在这种外界的一些反应中，蚂蚁似乎有着和它身体一样的模式化的、被甲壳包裹的头脑。这就是我们可能对一种动物的先验期望，它的生长阶段在很大程度上，它的学习阶段与成熟活动阶段是严格分开的。我们能在它们身上找到的唯一的沟通方式，就像它们体内的荷尔蒙沟通系统一样是一般的和扩散的。的确，嗅觉是一种化学感觉，虽然它是一般的和无方向的，但它与体内荷尔蒙的影响并无不同。

让我们附加说明一下，麝香、麝猫香、海狸香以及哺乳动物中类似的性吸引力物质可以被视为公共的、外部的荷尔蒙。特别是在独居动物中，对于在适当的时候将两性聚集在一起，并为种族的延续服务是必不可少的。对于这一点，我的意思并不是断言这些物质一旦到达嗅觉器官，它们的内在活动是荷尔蒙的，而不是神经的。很难看出它

怎么可能是纯粹的荷尔蒙，其数量和那些容易察觉的数量一样小；另
一方面，我们对激素的作用知之甚少，无法否认激素作用的可能性，
因为其量是如此之少。此外，麝香酮和果子狸酮中长而扭曲的碳原子
环不需要太多的重新排列，就可以形成性激素、一些维生素和一些致
癌物所特有的链环结构。我不想对这件事发表意见；我把它当作一个
有趣的推测。

　　蚂蚁感知到的气味似乎导致了一个高度标准化的行为过程；但是
一个简单的刺激物，如气味，对于传递信息的价值不仅取决于刺激物
本身传递的信息，而且还取决于刺激物的发送者和接受者的整个神
经结构。假设我发现自己和一个有智力的野蛮人在森林里，他不会说
我的语言，我也不会说他的语言。即使没有我们两个共同的手语代码，
我也能从他那里学到很多东西。我所需要做的就是对那些他表现出情
绪或兴趣的时刻保持警觉。然后我环顾四周，也许特别注意他的目光
方向，把所见所闻记在记忆里。不久我就会发现那些对他来说很重要
的东西，不是因为他用语言把它们传达给我，而是因为我自己观察到
了它们。换言之，一个没有内在内容的信号可以通过他当时观察到的
东西在他的头脑中获得意义，也可以通过我当时观察到的东西在我的
头脑中获得意义。他能够挑出我特别、积极关注的时刻，这种能力本
身就是一种语言，它的可能性和我们两人能够包含的各种印象一样千
变万化。因此，社会动物可能早在语言发展之前就有了一种活跃、聪
明、灵活的交流方式。

　　无论种族拥有何种通信手段，都有可能定义和衡量种族可获得的
信息量，并将其与个人可获得的信息量区分开来。当然，个人能获得

的信息，种族也不能获得，除非它能改变一个个人对另一个个人的行为，即使是具有种族意义的行为也不行，除非它能被其他个人与其他形式的行为区分开来。因此，关于某一信息是种族信息还是纯粹私人信息的问题，取决于它是否导致个人采取一种活动形式，这种活动形式可以被其他种族成员视为一种独特的活动形式，在这样的意义上即它反过来会影响他们的活动，等等。

我已经谈到了种族。对于大多数公共信息的范畴来说，这个术语实在太宽泛了。恰当地说，社区仅限于信息的有效传播范围。通过比较从外部进入一个群体的决策数量和在群体中做出的决策数量，有可能对此给出某种度量。因此，我们可以衡量群体的自主性。衡量一个群体的有效大小规模，是给出一个大小尺度，群体必须具有这个尺度以达到一定程度的自治。

一个群体可能比其成员拥有更多或更少的群体信息。一群暂时聚集起来的非社会性动物，包含的群体信息非常少，即使其成员作为个体可能拥有很多信息。这是因为那一个成员所做的很少被其他成员注意到，并且其他成员很少以一种更深入团队的方式对他采取行动。另一方面，人类有机体所包含的信息，很可能比它的任何一个细胞都要多得多。因此，种族或部落或社区信息的数量与个人可获得的信息的数量在两个方向上都没有必然的联系。

就个人而言，不是种族在一个时间可获得的所有的信息都可以不付出特别的努力得到的。图书馆有一种众所周知的趋势，即被自己的科学体量所堵塞，从而发展出如此专业化的程度，以至于专家在自己的狭窄专业之外常常是文盲。范内瓦尔·布什博士建议使用机械辅助工具来搜索大量的资料。这些可能有它们的用途，但它们受到限制不可能将一本书分类在一个不熟悉的标题下，除非某个特定的人已经认识到该标题对该特定书的相关性。在两个学科有相同的技术和知识内容，但属于分离遥远的领域的情况下，这仍然需要某个人具有几乎莱布尼兹的兴趣普遍性。

关于公共信息的有效数量，关于政治体最令人惊讶的事实之一是它极度缺乏有效的自我平衡过程。许多国家都有一种信仰，这种信仰在美国已被提升为官方信条的等级，即自由竞争本身就是一个动态平衡的过程：在自由市场中，讨价还价者的个人自私，每一个讨价还价者都在寻求尽可能高的价格卖，尽可能低的价格买，最终将导致价格的稳定动态，并以最大的共同利益作回报。这与一种非常令人欣慰的观点有关，即个体企业家在谋求自身利益的过程中，在某种程度上是一个公共施主，因此获得了社会给予他的巨大回报。不幸的是，证据，就像这样的，是反对这个头脑简单的理论。市场是一个，它确实在"垄断"的家庭中受到了模仿。因此，它严格服从于冯·诺依曼和摩根斯坦提出的博弈论。这个理论是基于这样一个假设，即每个玩家在每个阶段，根据他所能获得的信息，按照一个完全智能的策略进行，这将最终确保他获得最大可能的回报期望。因此，这是一场在完全聪明、完全无情的运营商之间进行的市场博弈。即使是在两个玩家的情况下，这个理论也很复杂，尽管它常常导致选择一条明确的博弈路线。然而，在许多情况下，那里有三个参与者，并且在绝大多数情况下，当参与者人数众多时，结果是极端不确定和不稳定的。个人玩家被他们自己的贪婪所驱使而结成联盟；但是，这些联盟通常不会以任何单一的、确定的方式建立起来，通常会以背叛、叛逆和欺骗的混乱方式结束，这是更高层次的商业生活，或政治、外交和战争的密切相关生活的真实写照。从长远来看，即使是最聪明、最没有原则的小贩，也一定会遭到毁灭；但是，让那些小贩们厌倦了这一切，同意彼此和平相处，而那些守候时机违背约定、背叛同伴的人，将得到丰厚的回报。不存在任何内环境平衡。我们卷入了繁荣和失败的商业周期，独裁和革命的接续，每个人都输掉的战争，这些都是摩登时代的真实特征。

　　自然，冯·诺依曼把玩家描绘成一个完全聪明、完全无情的人，这是对事实的抽象和歪曲。很少有一大群完全聪明而无原则的人一起玩。无赖聚集的地方，总会有傻瓜；如果傻瓜的数量足够多，他们就为无赖提供了更有利可图的剥削对象。傻瓜心理学已经成为一个非常值得无赖们认真关注的课题。按照冯·诺依曼的《赌徒理论》的风格，傻瓜不是为了自己的终极利益，而是以一种大体上可以预见的方式运作，就像老鼠在迷宫中挣扎一样。这种谎言政策 —— 或者更确切地说，与事实无关的言论的政策 —— 将使他购买某种特定品牌的香 ¹⁵⁹
烟；该党希望，这一政策将促使他把票投给某个候选人 —— 任何候选人 —— 或加入政治迫害。宗教、色情和伪科学的某种精确的混合将能够出售一份有插图的报纸。哄骗、贿赂和恐吓的某种混合将诱使一位年轻的科学家从事导弹或原子弹的研究。为了确定这些，我们有我们的收视率、草根投票、意见抽样和其他心理调查机制，以普通人为对象；并且总有统计学家、社会学家和经济学家可以向这些机构推销他们的服务。

　　对我们来说幸运的是，这些谎言商人，这些剥削轻信者的人，还没有达到一种完美的程度，使事情都由它们决定。这是因为不是所有的人都是傻瓜或无赖。普通人在直接关注的问题上相当聪明，对于呈现在自己眼前的公共利益或私人痛苦问题上相当无私。在一个运行时间足够长、智力和行为的水平相当统一的小乡村社区里，对不幸者的照顾、对道路和其他公共设施的管理、对那些曾经对社会犯过一两次罪的人的宽容，都有着非常可敬的标准。这些犯错的人在那里，社区的其余人必须继续与他们生活在一起。另一方面，在这样一个社会里，一个人对邻居们有过激的习惯是不行的，有办法让他感受到舆论的重压。过一段时间，他会发现这是如此普遍，如此不可避免，如此限制人和压迫人，他将不得不为了自卫而离开社区。

因此，小的，紧密联系的社区有一个非常可观的动态平衡措施；而这一点，无论他们是文明国家的高文化社区还是原始野蛮人的村庄都如此。尽管许多野蛮人的习俗在我们看来很奇怪甚至令人厌恶，但它们通常具有非常明确的内环境平衡价值，这是人类学家解释的功能的一部分。只有在这样一个大社会里，其中事物的主宰者才能通过财富来保护自己不受饥饿，通过隐私和匿名来保护自己不受舆论的伤害，通过诽谤法和拥有通讯手段来保护自己不受私人批评，那么无情才能达到最崇高的境界。在社会上所有这些反内平衡的因素中，对通讯手160段的控制是最有效和最重要的。

本书的一个教训是，任何生物体都是通过拥有获取、使用、保留和传递信息的手段而在这一行动中结合在一起的。在一个庞大的社会里，对于其成员来说不能直接接触，这些手段就是媒体，既涉及书籍，也涉及报纸、收音机、电话系统、电报、邮局、剧院、电影、学校和教堂。除了它们作为交流手段的内在重要性之外，每一种都具有其他的，次要功能。报纸是广告的载体，也是所有者获取金钱利益的工具，电影和广播也是如此。学校和教堂不仅是学者和圣人的庇护所，也是大教育家和主教的家。不为出版商赚钱的书可能不会印刷，当然也不会再版。

在我们这样一个公开地以买卖为基础的社会里，所有的自然资源和人力资源都被视为第一个有足够的进取心去开发它们的商人的绝对财产，通信手段的这些次要方面往往会越来越深入地侵犯主要方面。这得益于精雕细琢和随之而来的手段本身的费用。乡村报纸可能会继续利用自己的记者在周围的村庄里寻找八卦，但它把自己的国家新闻、批发的特写、政治观点当作陈规定型的"样板文件"来收买。广播电台依靠广告商来获取收入，而且，与其他地方一样，付钱给吹笛者的人来指定曲子。大的新闻服务费用太高，不适合中等规模的出版商。图书出版商专注于那些可能被某个图书俱乐部所接受的图书，这些俱乐部买走一个庞大的版本。大学校长和主教，即使他们对权力没有个人野心，也有昂贵的机构要经营，只能在有钱的地方找钱。

因此，在所有方面，我们都对通讯手段有三重限制：取消利润较低的手段，转而使用利润较高的手段；事实上，这些手段掌握在非常有限的富人阶层手中，因而自然表达了该阶层的意见；更进一步的事实是，作为获得政治和个人权力的主要途径之一，它们首先吸引了那些渴望获得这种权力的人。这个系统比其他任何系统都应该更有助于社会内环境的稳定，它直接落入那些最关心权钱博弈的人手中，我们已经看到这是社会中主要的反内环境稳定因素之一。因此，难怪受这种破坏性影响的较大的社区所包含的公共信息远远少于较小的社区，更不用说所有社区所建立的人类因素了。虽然让我们希望在程度上小一些，国家就像狼群一样，比它的大多数组成部分更愚蠢。

上面的说法与企业高管、大型实验室负责人等多次发声宣称的一种趋势背道而驰，他们认为因为社区比个人更大，所以社区也更聪明。有些意见只不过是出于对大而奢华的幼稚的喜悦。其中一部分原因是对一个大型组织的可能性有一种永久性的认识。然而，其中不乏对主要机会的关注和对埃及肉食植物的渴望。

还有一部分人他们认为在现代社会的无政府状态中没有什么好处，他们乐观地认为一定有某种出路，这导致了对社区中可能的自我平衡因素的高估。尽管我们很同情这些人，也很体谅他们所处的情感困境，但我们不能把太多的价值归于这种一厢情愿的想法。这是老鼠面对给猫系上铃铛的问题时的思维方式。毫无疑问，对我们这些老鼠来说，如果这个世界上的食肉猫被系上铃铛，那将是一件非常愉快的事，但是谁来做呢？谁能向我们保证，无情的权力不会回到那些最渴望它的人手中？

我之所以提到这件事，是因为我的一些朋友对这本书可能包含的任何新的思考方式的社会功效抱有相当大的希望，我认为这种希望是错误的。他们确信，我们对物质环境的控制远远超过了对社会环境的控制和对社会环境的理解。因此，他们认为近期的主要任务是扩展到人类学、社会学、经济学、自然科学的方法等领域，希望在社会领域取得同样的成功。从相信这是必要的，他们开始相信这是可能的。在这一点上，我坚持认为，他们表现出过度的乐观，以及对所有科学成就本质的误解。

精确科学的所有伟大成就都是在现象与观察者之间存在某种高度隔离的领域取得的。就天文学而言，我们已经看到，这可能是由于相对于人类来说某些现象的巨大尺度所造成的，因此，人类最强大的努力，更不用说仅仅是一瞥，是无法在天体上留下丝毫可见的印象的。另一方面，在现代原子物理学中，在难以言喻的微小科学中，我们所做的任何事情都会对许多单个粒子产生影响，从粒子的角度来看，这是非常重要的。然而，无论是在空间还是在时间上，我们都不是生活在有关粒子的尺度上；从一个观察者的角度来看，符合其存在规模的事件对我们来说可能是最重要的 —— 除了一些例外，这是真的，就像威尔逊云室实验一样 —— 只是作为大量粒子相互作用的平均质量效应。就这些效应而言，从单个粒子及其运动的角度来看，所涉及的时间间隔很大，我们的统计理论有令人钦佩的充分基础。简而言之，我们太小了，不能影响恒星的运行，我们太大了，除了分子、原子和电子的质量效应之外，什么都不关心。在这两种情况下，我们实现了与我们正在研究的现象的充分松散耦合，从而给出了这种耦合的大量总体说明，尽管这种耦合可能不够松散，我们无法完全忽略它。

正是在社会科学中，观察到的现象和观察者之间的耦合是最难最小化的。一方面，观察者能够对引起他注意的现象施加相当大的影响。考虑到我的人类学家朋友们的智慧、技能和目的诚实，我不能想像他们调查过的任何一个社区以后都会与调查以前完全一样。许多传教士在将原始语言简化为文字的过程中，把自己对它的误解固定为永恒的

162

法律。一个民族的社会习惯中有许多是分散的，仅仅因为对它进行调查就被扭曲了。从另一个意义上不同于它通常的说法来说，traduttore traditore（翻译者即反叛者）。

另一方面，社会科学家没有优势，可以从永恒和无处不在的冰冷高度俯视他的研究对象。也许有一个关于人类动物的大众社会学，就像观察瓶子里的果蝇种群一样，但这并不是一个我们这些人类动物自己特别感兴趣的社会学。我们不太关心人类的兴衰，快乐和痛苦，亚物种的进化。你的人类学家报告了那些与自己的生命尺度几乎相同的人的生活、教育、职业和死亡相关的习俗。你的经济学家最感兴趣的是预测这样的商业周期，即在不到一代人的时间内运行，或者至少，对一个处于不同职业阶段的人有不同影响。现在很少有政治哲学家愿意把他们的研究局限于柏拉图的思想世界。

换句话说，在社会科学中，我们必须处理短期的统计数据，也不能确定我们观察到的相当一部分不是我们自己创造的产物。对股市的调查可能会扰乱股市。我们与调查的对象过于一致，不可能成为好的调查工具。简言之，我们的社会科学研究是统计的还是动态的 —— 它们应该同时参与这两种性质的研究 —— 它们永远不会超过小数点后几位，简言之，也永远不能提供给我们大量的可证实的、有意义的信息，这些开始与我们在自然科学中学会期待的知识能够相比较的信息。我们不能忽视他们；我们也不应该对他们的可能性抱有过高的期望。不管我们喜不喜欢，有很多东西我们必须留给专业历史学家用非"科学"的叙事的方法去研究。

附注

　　有一个问题完全属于本章，尽管它在任何意义上都不代表其论点的高潮。这个问题是，是否有可能建立一个下棋的机器，以及这种能力是否代表了一个机器的潜力和一个大脑之间的本质的区别？注意，我们不需要提出这样一个问题，即是否有可能构造一台机器来进行冯·诺依曼意义上的最优博弈，即使是最好的人类大脑也无法达到这个程度。另一方面，毫无疑问，可以构造一台机器，在遵循规则的意义上下棋，而不管下得好不好。这基本上并不比为铁路信号塔建造联锁信号系统困难。真正的问题是中间的：构造一台机器，在人类棋手所处的许多层次中的某一层次上，为棋手提供有趣的对手。 164

　　我认为有可能为这个目的建造一个相对粗糙但并非完全微不足道的装置。这台机器必须实际上以高速（如果可能的话）进行它自己允许的所有动作以及对手允许的所有还击，以便向前移动两到三步。对于每一个移动序列，它应该指定一个特定的常规评分。在这里，将死对手在每一个阶段得到最高的评分，被将死的评分最低；而丢了棋子，吃了对手的棋子，将军和其他可识别的情况时，应该得到与优秀玩家会给他们的差不多的评分。整个动作序列的第一个动作应该得到一个评分，就像冯·诺依曼的理论所指定的那样。在机器只走一步而对手只走一步的阶段，机器对一步的评分是对手完成所有可能的步后对情况的最低评分。接下来，我们先求出"在只有对手一步和跟着机器一步的阶段时机器对那些步的最高评分[1]"，然后在这些"最高评分"

---

1. 使机器获得最小评分的局就是对机器最不利的局。对手在作第一次回击时，他会考虑到机器跟着还要走一步，而且可能会选择对机器最有利的一步走。——1985版译者注

中求出相对于对手第一步的最低评分，在机器要走两步而对手要走两步的阶段，机器对一步的评分就是这个最低评分。这个过程可以扩展到每个玩家走三步的情况，以此类推。然后，机器选择任何前面的 n 步中给出最大的评分的步，其中 n 为某个机器设计者决定的值。这就是它的决定步。

　　这样的一台机器不仅能下合法的棋，而且能下一盘不会明显坏到可笑的棋。在任何阶段，如果在两个或三个步后有一个将军的可能，机器会使它发生；如果在两个或三步后有可能避开敌人的将军，机器就会避开它。它可能会赢得愚蠢或粗心的棋手，几乎肯定会输给任何相当熟练程度的谨慎棋手。换句话说，它很可能和绝大多数人类一样优秀。这并不意味着它将达到梅尔泽尔的欺诈机器的熟练程度，但尽管如此，它可能会达到相当高的成就水平。

控制论

2

补充章节 1961

第 9 章
关于机器学习以及自我复制

我们认为生命系统的两个特征是学习能力和自我复制能力。这些性质虽然看起来不同，但彼此之间有着密切的联系。学习的动物是一种能够被过去的环境转化为另一种存在的动物，因此在其个体的一生中能够调节而适应环境。一种繁殖的动物能够以它自己的相似性，至少是近似地创造出其他动物，尽管不是完全以它自己的相似性，它们不能随时间而变化。如果这种变异本身是可以遗传的，那么我们就有了自然选择可以利用的原材料。如果遗传不变性与行为方式有关，那么在传播的各种行为模式中，一些模式将被发现有利于种族的继续存在并将确立自己的地位，而另一些不利于这种继续存在的模式将被消除。结果是某种种族或系统发育的学习，与个体的个体发育学习形成对比。个体发育和系统发育学习都是动物调节自己适应环境的方式。

个体发育学习和系统发育学习两者，尤其后者，不仅扩展到所有动物，而且适用于植物，事实上，也适用于所有在任何意义上可以被认为是活的生物体。然而，人们发现这两种学习方式在不同种类的生物中的重要程度有很大差异。在人类身上，以及在较小程度在其他哺乳动物身上，个体发育学习和个体适应性被提高到最高点。事实上，可以说，人类的系统发育学习的很大一部分都致力于建立良好的个体发育学习的可能性。

朱利安·赫胥黎在《鸟的心智》[1]的基础论文中指出，鸟类的个体发育学习能力很小。昆虫也有类似的情况，在这两种情况下，这可能与飞行对个体的巨大需求有关，也可能与神经系统能力由此引起的被其抢占有关，而这种能力本来可以应用于个体发育学习。鸟类的行为模式非常复杂 —— 在飞行、求偶、照顾幼鸟和筑巢中 —— 它们在第一次就被正确地执行，而不需要母亲的大量指导。

在这本书中用一章的篇幅讨论这两个相关的主题是完全合适的。人造机器能学习并能自我复制吗？在这一章中，我们将试图说明，事实上，他们能学习并能自我复制，我们将说明这两种活动所需要的技术。

这两个过程中较简单的是学习，而正是在这里，技术的发展走得最远。我将在这里特别谈到下棋机器的学习，这使它们能够通过经验来改进它们表演的策略和战术。

博弈论有一个既定的理论，即冯·诺依曼理论。[2]它所涉及的政策最好是从博弈的结束来考虑而不是开始。在的最后一步中，如果可能的话，一个玩家努力下出一个获胜的一步，如果没有，那么至少是一个和棋的一步。他的对手，在前一阶段，努力下出一步，这将阻止另

1.J.赫胥黎，《进化：现代综合》，哈珀兄弟出版社，纽约，1943年。
2.J.冯诺依曼和O.摩根斯恩，《博弈论与经济行为》，普林斯顿大学出版社，普林斯顿，新泽西州，1944年。

一个作出一个获胜或和棋的一步。如果他自己能在那个阶段做出获胜的一步，他就会这样做，而这将不是最后一个前面的那个，而是比赛的最后那个阶段了。在这之前的那步中的另一人将尝试以这样一种方式行动，即他的对手的最佳资源不会阻止他以一个获胜的一步结束，以此向前类推。

170 　　有一些，如井字游戏，其中的整个战略是已知的，于是有可能从一开始就开始这项对策。当这是可行的时候，这显然是最好的玩的方式。然而，在象棋和跳棋这样的游戏中，我们的知识还不足以形成一个完整的策略，因此我们只能近似于它。冯诺依曼式的近似理论倾向于引导一个玩家极其谨慎地行动，假设他的对手是一个完全聪明的高手。

　　然而，这种态度并不总是合理的。在战争——这是一种游戏——中，这通常会导致优柔寡断的行动，往往不会比失败好多少。让我举两个历史例子。当拿破仑在意大利与奥地利人作战时，这是他的有效性的一部分：他知道奥地利的军事思想模式是保守的和传统的，因此他很有道理地假定他们不能利用法国大革命的士兵们制定的新的"决定-推进"战法。当纳尔逊与欧洲大陆的联合舰队作战时，他有一个优势，那就是用一台海军机器作战，这台机器多年来一直维持着海洋，并且发展了一些思想方法，正如他所清楚地知道的那样，他的敌人是没有能力做到的。如果他没有充分利用这一优势，而假定他面对的敌人具有同等的海军经验那样谨慎行事，从长远来看，他可能赢，但不可能赢得如此迅速和果断，以至于建立起严密的海上封锁，这导致拿破仑的最终垮台。因此，在这两种情况下，指导因素都是指挥官及其

对手的已知记录，这在他们过去的行动统计中有所体现，而不是试图
与完美的对手进行完美的比赛。在这些情况下，任何直接使用冯·诺
依曼博弈论方法都是徒劳的。

同样地，关于象棋理论的书也不是从冯·诺依曼的角度写的。它
们是从棋手与其他高水平、知识广博的棋手对弈的实践经验中得出
的原则概要；它们建立了某些价值观或权重，赋予每一个棋子的损失、
机动性、控制性、发展性以及其他可能随阶段而变化的因素。

制造出能下象棋的机器并不难。仅仅遵守规则，这样就只会做出
合法的举动，这很容易在相当简单的计算机的能力范围内。事实上，
让一台普通的数字机器适应这些目的并不难。

171

现在是规则中的对策问题。对碎片、控制性、机动性等的每一次
评估，本质上都可以简化为数字项；当这一步完成后，象棋书上的格
言就可以用来决定每一步的最佳动作。这种机器已经制造出来了；他
们将进行一场非常公平的业余象棋比赛，尽管目前还不是一场大师级
的比赛。

想象一下你自己在和这样一台机器下棋。为了公平起见，让我们
假设你在网上下象棋，不知道你在对垒的是这样一台机器，也没有这
一知情会激起的偏见。很自然，象棋总是这样，你会对对手的象棋人
格做出判断。你会发现，当同样的情况在棋盘上出现两次时，你的对
手每次的反应都是一样的，你会发现他性格非常刻板。如果你的任何
把戏能够奏效，那么它在同样的条件下总是能奏效的。因此，对于一

个专家来说，要在他的机器对手身上找到一种棋路，并且每次都要打败他并不难。

然而，有些机器不可能如此微不足道地被打败。让我们假设，每隔几场，机器就会休息一段时间，并将其设备用于另一个目的。这一次，它不与对手比赛，而是检查其记忆中记录的所有以前的比赛，以确定对碎片、控制性、机动性等价值的不同评估，什么权重对获胜最有帮助。这样，它不仅从自己的失败中吸取教训，而且从对手的成功中吸取教训。它现在用新的估值取代了以前的估值，作为一台新的更好的机器继续下棋。这样的机器将不再有那么死板的个性，曾经成功对付它的把戏最终将失败。更重要的是，随着时间的推移，它可能会吸收一些对手的对策。

所有这一切在象棋中都是很难做到的，事实上，这项技术的充分发展，以便产生一台能下大师级象棋的机器，还没有完成。跳棋提供了一个较容易的问题。碎片值的均匀性大大减少了要考虑的组合的数量。此外，部分由于这种均匀性，棋盘像象棋那样划分为不同的阶段的情况要少得多。即使在跳棋中，终局的主要问题也不再是吃子，而是与敌人建立联系，这样就可以吃子了。同样，棋局中的棋步估值也必须针对不同的阶段独立进行。不仅在最重要的考虑因素上，终局与中局有所不同，而且与中局相比，开局更致力于让棋子进入一个进攻和防守自由移动的位置。结果是，我们甚至不能大致满足于对整个的各种权重因素进行统一的评估，而必须将学习过程划分为若干不同的阶段。只有这样，我们才有希望构建一个能下大师象棋的学习机。

一阶规划的思想，在某些情况下可能是线性的，与二阶规划相结合，二阶规划使用更广泛的历史片段来确定在一阶规划中要执行的对策，在本书前面关于预测问题中提到过。预测器使用飞机飞行的最近过去作为通过线性运算预测未来的工具；但是，确定正确的线性运算是一个统计问题，在这个问题中，长期过去的飞行和过去许多类似的飞行是用来给出统计的基础。

利用长期过去的历史来确定鉴于短暂的过去的对策所需的统计研究是高度非线性的。事实上，在使用维纳-霍普夫方程进行预测时，[1] 该方程系数的确定是以非线性方式进行的。一般来说，学习机是通过非线性反馈来工作的。塞缪尔[2]和渡边[3]所描述的跳棋机器，在10到20个小时编程的基础上，可以学习如何以相当一致的方式击败为它编程的人。

渡边关于使用编程机器的哲学思想非常令人兴奋。一方面，他处理的是一种证明基本几何定理的方法，该定理将以一种最佳方式符合某些优雅和简单的标准，作为一种学习，不是针对一个单独的对手，而是针对我们可称为的"博吉上校"。渡边正在研究的一种类似的游 [173] 戏是在逻辑归纳中进行的，这时候我们希望在经济性、直接性等等评价的基础上，建立一种以类似的准美学的方式最佳的理论时，通过确定有限个自由的参数的求值。诚然，这只是一个有限的逻辑归纳，但很值得研究。

---

1. 诺伯特·维纳，《工程应用中平稳时间序列的外推、插值和平滑》，麻省理工学院技术出版社和 John Wiley & Sons出版社，纽约，1949年。
2. A.L.塞缪尔，"机器学习中的一些研究，使用跳棋"，IBM研究与发展杂志，3210-229（1959）。
3. S.渡边，《多元相关的信息理论分析》IBM研究与发展杂志，4，66-82（1960）。

　　我们通常不认为是游戏的许多形式的斗争活动，都有机器的理论给予它们大量启示。一个有趣的例子是猫鼬和蛇之间的争斗。正如吉卜林在短篇故事《里基-蒂基-塔维》中指出的那样，猫鼬对眼镜蛇的毒液并不免疫，尽管在某种程度上，它在坚硬的毛发的保护下，这使得蛇很难咬进去。正如吉卜林所说，这场战斗是一场与死亡共舞，是一场肌肉技巧和敏捷性的斗争。没有理由认为猫鼬的动作比眼镜蛇的动作更快或更准确。然而，猫鼬几乎无一例外地杀死了眼镜蛇，并毫发无损地退出了比赛。它是如何做到这一点的？

　　我在这里讲述似乎对我有效的事，从看到这样的战斗，以及其他这样的战斗的电影。我不能保证我的观察作为解释的正确性。猫鼬以一种假动作开始，这种假动作激起了蛇的攻击。猫鼬闪避并做出另一个这样的假动作，这样我们就有了两种动物有节奏的活动模式。然而，这种舞蹈不是静止的，而是逐步发展的。随着时间的推移，猫鼬的假动作与眼镜蛇的冲击相对应出现得越来越早，直到最后猫鼬攻击眼镜蛇时，眼镜蛇伸出来，不能迅速移动退回。这一次，猫鼬的攻击不是假装的，而是致命的准确咬伤眼镜蛇的大脑。

　　换言之，蛇的动作模式仅限于一个冲击，每一个冲击都是自己，而猫鼬的动作模式则包括了整个战斗过程中的一个可观的，即使不是很长的过去的片段。在这种程度上，猫鼬的行为就像一台学习机器，它攻击的真正致命性依赖于一个高度组织的神经系统。

　　正如几年前迪斯尼的一部电影所显示的那样，当我们的一只西部鸟类"跑路者"攻击响尾蛇时，也会发生类似的事情。当鸟用喙和爪子以及猫鼬用牙齿搏斗时，它们的活动模式非常相似。斗牛就是一个关于一样的事情的很好的例子。因为必须记住，斗牛不是一种运动，而是一种与死亡共舞的舞蹈，来展示公牛和人的美以及相互交织的协调动作。公平与公牛无关，从我们的观点来看，我们可以忽略对公牛的初步刺激和削弱，这些刺激和削弱的目的是使比赛达到两个参赛者互动模式最为发达的水平。熟练的斗牛士有大量保留的动作，比如炫耀披肩、各种闪避和回旋等等，它的目的是使公牛进入一个位置，在这个位置上，它完成了冲刺，并在斗牛士准备将埃斯托克插入公牛心脏的准确时刻伸展身体。

我所说的关于猫鼬和眼镜蛇，或斗牛士和公牛之间的争斗，也适用于人与人之间的身体竞赛。考虑用短剑决斗。它由一系列的佯攻、招架和刺击组成，每个参与者的意图是使他的对手的剑偏离路线，以至于他可以在不开启双重遭遇的情况下冲回原位。再者，在网球冠军赛中，仅仅完美地发球或回球是不够的；其策略是迫使对手进行一系列的回球，使他逐渐处于更糟糕的位置，直到他无法安全地回球为止。

这些体育竞赛和我们认为机器应该玩的那种，两者在学习对手的习惯和自己的习惯方面，都有相同的要素。对于那些体力对抗的成立的也适用于智力因素较强的竞赛，例如战争和模拟战争的，我们的参谋人员通过这些获得他们军事经验的要素。古典战争是如此，无论是在陆地上还是在海上，那么新的和尚未试验过的原子武器战争也是如此。某种程度上的机械化，类似于通过学习机器的跳棋的机械化，在所有这些方面都是可能的。

　　没有什么比第三次世界大战更危险的了。值得考虑的是，这种危险的一部分是否不是不加防范地使用学习机器所固有的。我一次又一次地听到这样一种说法：学习机器不能让我们面对任何新的危险，因为我们能够在自己喜欢的时候关掉它们。但我们可以能够吗？为了有效地关闭机器，我们必须掌握危险点是否已经到来的信息。仅仅是我们制造了这台机器这一事实，并不能保证我们有足够的信息来做这件事。这已经隐含在跳棋机器可以打败为它编程的人的说法中，这是在非常有限的工作时间之后。此外，现代数字机器的运行速度阻碍了我们感知和想透危险迹象的能力。

　　认为非人类器件具有强大的力量和执行一个政策的巨大能力，以及它们的危险性，这并不是什么新鲜事。新的是我们现在拥有了这种有效的器件。在过去，魔术的技巧也被假定有类似的可能性，这形成了许多传说和民间故事的主题，这些故事深入探讨了马格坦人的道德状况。我已经在早先的一本书《人有人的用处》[1]中讨论了魔法的传奇伦理的一些方面。我在这里重复我在那里讨论的一些材料，以便在学习机器的新环境中更准确地将它提出来。

　　最著名的魔法故事之一是歌德的《巫师的徒弟》。在这本书中，巫师让他的徒弟和杂役做打水的活。由于这个男孩又懒又聪明，他把工作交给了一把扫帚，他对扫帚说出了他从主人那里听到的咒语。扫帚殷勤地替他干活，不会停下来。那男孩快要淹死了。他发现自己还没有学会或忘记了第二个咒语，那就是让扫帚停下来。不顾一切地，

1.诺伯特·维纳，《人有人的用处》; 控制论与社会，米夫林公司，波士顿，1950年。

他拿起扫帚，把扫帚在膝盖上折断，然而惊愕地发现扫帚的每一半都在继续打水。幸运的是，在他被完全摧毁之前，师父回来了，说了有魔力的词停止了扫帚，并对徒弟一番痛骂。

另一个故事是渔夫和魔鬼的天方夜谭故事。渔夫在网里捞出一个盖有所罗门印章的瓶子。这是所罗门囚禁叛逆魔鬼的容器之一。魔鬼出现在烟雾中，巨人告诉渔夫，在他入狱的最初几年里，他决心用权力和财富来奖励他的救世主，但现在他决定把渔夫杀死。幸运的是，渔夫找到了一种方法，把魔鬼装回到了瓶子里，然后把瓶子扔回海底。[176]

比这两个故事更可怕的是猴子爪子的寓言，作者是 W. W. 雅各布斯，本世纪初的英国作家。一位退休的英国工人和他的妻子以及一位朋友坐在桌子旁，朋友是来自印度的归来的英国军士长，他向他的主人展示了一个干瘪的猴爪形状的护身符。这是由一位印度圣人赠送的，他希望展示蔑视命运的愚蠢行为，有能力给三个人每人三个愿望。军人说他对第一个主人的前两个愿望一无所知，但最后一个愿望是死。他告诉他的朋友们，他自己是第二个主人，但他不会谈论自己经历的恐怖。他把爪子扔进火里，但是他的朋友把它拿了回来，并希望测试它的力量。他的第一个愿望是 £200 英镑。此后不久，有人敲门，他儿子所在公司的一位官员走进房间。父亲得知他的儿子在机器里被杀了，但公司在不承认任何责任或法律义务的情况下，希望向父亲支付 £200 英镑作为抚慰金。悲伤击倒的父亲许下第二个愿望，希望他的儿子能回来。当有人敲门，门被打开时，出现了一个东西，没有用这么多的话告诉我们，那就是儿子的鬼魂。最后的愿望是这个鬼魂离开。

　　在所有这些故事中，关键是魔法的作用都是字面意义上的；如果我们向他们索取恩惠，我们必须索取我们真正想要的，而不是我们认为我们想要的。学习机器的新的和真正的机构也是字面意义上的。如果我们为赢得一场战争而设计一台机器的编程，我们必须好好思考我们所说的胜利是什么意思。学习机器必须由经验来编程。核战争的唯一体验，不是立即灾难性的，是战争的体验。如果我们要用这一经验作为指导我们在真正紧急情况下的程序，我们在编程中使用的获胜价值观必须与我们在战争的实际结果中牢记心中的价值观相同。在这方面，我们只能冒着直接的、彻底的、无法挽回的危险而失败。我们不能指望机器跟着我们走进那些偏见和情感妥协，通过这些，我们使自己能够称呼毁灭为胜利。如果我们祈求胜利，却不知道我们是什么意思，我们会发现鬼魂在敲我们的门。

　　学习机器就讲这么多。现在让我说一两句关于自传播机器的话。
177 在这里，机器和自传播这两个词都很重要。机器不仅是物质的一种形式，而且是实现某些特定目的的机构。自我传播不仅仅是创造有形的复制品；它是创建一个具有相同功能的复制品。

　　在这里，两种不同的观点进入证据。其中一个问题是纯粹的组合问题，它涉及到一台机器能否拥有足够的部件和足够复杂的结构，使自我复制成为其功能之一。已故的约翰·冯·诺依曼对这个问题的回答是肯定的。另一个问题涉及建造自动复制机的实际操作过程。在这里，我将把我的注意力限制在一类机器上，虽然这类机器并不包括所有的机器，但具有很大的普遍性。我指的是非线性传感器。

这类机器是一种以单一时间函数作为输入，以另一时间函数作为输出的装置。输出完全由输入的过去决定；但一般来说，输入的相加并不使相应的输出相加。这种装置被称为传感器。所有传感器，线性或非线性，的一个特性，是对时间平移的不变性。如果一台机器执行某种功能，那么，如果输入被从时间上往回移动，输出被移回相同的量。

我们的自复制机理论的基础是非线性传感器表示的正则形式。在这里，阻抗和导纳的概念，这在线性仪器的理论中是如此重要，并不完全合适。我们将不得不参考某些新的方法来实现这种表示，这些方法一部分是由我[1]开发的，另一部分是由伦敦大学的丹尼斯·加博尔教授[2]开发的。

虽然加博教授的方法和我自己的方法都导致了非线性传感器的建构，但是它们是在这个程度上是线性的，即非线性传感器用这样一个输出来表示，这个输出是具有相同输入的一组非线性传感器的输出之和。这些输出与变化的线性系数相结合。这使我们能够在非线性传感器的设计和制定规格中采用线性发展理论。特别是，这种方法允许我们通过最小二乘法得到组成元素的系数。如果我们把它与一种统计 178 平均方法结合起来，对我们仪器的所有输入进行统计平均，我们基本上就有了正交发展理论的一个分支。这种非线性传感器理论的统计基础可以从对每个特定情况下使用的输入的过去统计数据的实际研究

1.诺伯特·维纳，《随机理论中的非线性问题》，麻省理工学院和约翰威利父子公司技术出版社，纽约，1958年。
2.D.加博尔，"电子发明及其对文明的影响"，成立讲座，1959年3月3日，英国伦敦大学帝国理工学院。

中获得。

　　这是加博尔教授方法的粗略介绍。虽然我的基本相似，但我工作的统计基础略有不同。

　　众所周知，电流不是连续传导的，而是由电子流传导的，电子流的均匀性一定有统计上的变化。这些统计涨落可以用布朗运动理论，或者类似的散粒效应或管子噪声理论来表示，关于这些我将在下一章讲一讲。无论如何，可以制造装置来产生具有高度特定的统计分布的标准化散粒效应，并且这种装置正在商业化制造中。请注意，管子噪声在某种意义上是一种通用输入，即它的波动在足够长的时间内迟早会近似于任何给定的曲线。这种管子噪声具有非常简单的积分和平均理论。

　　根据管子噪声的统计特性，我们可以很容易地确定一组正规的和正交的非线性运算。如果受这些操作影响的输入具有适合于管子噪声的统计分布，则我们装置的两个组件的输出的平均乘积（对管子噪声的统计分布取该平均值）将为零。此外，每个装置的均方输出可以归一化为1。其结果是，借助于这些组件，一般非线性传感器的发展来自于一个熟悉的正交函数理论的应用。

　　具体地说，我们的单个装置块给出的输出是埃尔米特多项式的乘积，这些多项式是在输入的过去的拉盖尔系数中的。这在我的《随机理论非线性问题》中有详细的介绍。

当然，首先很难对一组可能的输入进行平均。使这项困难的任务得以实现的原因是散粒效应输入具有度量传递性或遍历性。散粒效应输入分布参数的任何可积函数在几乎所有情况下都有一个等于其在整个系综上的平均值的时间平均值。这就允许我们取两个具有共同散粒效应输入的装置，并求它们的乘积并在一段时间内取平均值，来确定它们在整个可能输入集合中的乘积平均值。所有这些过程所需的操作储备只涉及电势的加法、电势的乘法和随时间平均的操作。用于所有这些的器件都存在。事实上，加博教授的方法所需要的基本器件和我的方法所需要的是一样的。他的一个学生发明了一种特别有效和廉价的倍增器件，它依靠两个磁线圈对晶体的吸引力产生的压电效应。

这意味着我们可以通过一个线性项的和来模拟任何未知的非线性传感器，每个线性项具有固定的特性，并且具有可调的系数。当同一个散粒效应发生器连接到两个传感器的输入端时，该系数可以确定为未知传感器和特定已知传感器输出的平均乘积。更重要的是，不是在仪器的刻度上计算该结果，然后用手将其传送到适当的传感器，从而产生装置的逐段模拟，而是自动将系数传送到反馈装置的各个组件，这没有特别的问题。我们已经成功地做了一个白盒，它可以潜在地呈现任何非线性传感器的特性，然后通过使两个传感器接受相同的随机输入，并以适当的方式连接结构的输出，把它拉进给定黑盒传感器的相似性，以便在不受我们干预的情况下达成合适的组合。

我想知道，当一个基因作为模板，从氨基酸和核酸的不确定混合物中形成同一基因的其他分子时，或者当一个病毒从宿主的组织和汁液中引导同一病毒的其他分子进入自己的形式时，这在哲学上是否有很大的不同。我一点也不认为这些过程的细节是相同的，但我确实认为它们在哲学上是非常相似的现象。

第 10 章
脑电波以及自组织系统

在上一章中，我讨论了学习和自我传播的问题，因为它们既适用于机器，同时至少通过类比，也适用于生物系统。在这里，我将重复我在序言中所作的某些评论，它们我打算立即加以利用。正如我所指出的，这两种现象是密切相关的，因为第一种现象是个体通过经验来适应环境的基础，这就是我们所说的个体发生学习，而第二种现象提供了变异和自然选择所依赖的材料，是系统发育学习的基础。正如我已经提到的，哺乳动物，特别是人类；它们通过个体发生的学习做的一大部分调整是适应环境，而鸟类由于其高度多样的行为模式而不是在个体的生活中学习的，它们更多地致力于系统发育学习。

我们已经看到了非线性反馈在这两个过程的起源中的重要性。本章致力于研究一个特殊的自组织系统，其中非线性现象起着重要作用。我在这里描述的是我认为在脑电图或脑电波的自组织中发生的事情。

在我们明智地讨论这个问题之前，我必须先说说什么是脑电波，以及它们的结构如何受到精确的数学处理。多年来人们已经知道，神经系统的活动伴随着一定的电位。这一领域的第一次观察可以追溯到 181 上世纪初，伏打和伽伐尼在青蛙腿的神经肌肉准备中进行了观察。这就是电生理学的诞生。然而，直到本世纪第一季度末，这门科学的发展相当缓慢。

　　这很值得反思为什么生理学这一分支的发展如此缓慢。最初用于研究生理电位的仪器是由电流计组成的。它们有两个弱点。第一个是，移动电流计线圈或针头的全部能量都来自神经本身，而且非常微小。第二个困难是，那时的电流计是这样一种仪器，其活动部件具有相当可观的惯性，必须有非常确定的恢复力才能使针到达一个完全确定的位置；也就是说，在这种情况的性质下，电流计不仅是一种记录仪器，而且是一种带来失真的仪器。早期最好的生理电流计是艾因霍芬的弦式电流计，其中运动部件简化为一根导线。尽管这台仪器以其当时的标准来说非常出色，但它还不足以在没有严重失真的情况下记录小电位。

　　因此，电生理学必须等待一种新的技术。这种技术是电子技术，有两种形式。其中之一是基于爱迪生发现的某些与气体导电有关的现象，并由此产生了使用真空管或用于放大的电动阀。这使得有可能合理保真地将弱电势转换成强电势。因此，它允许我们，不是通过使用发自神经的而是由神经控制的能量，来移动记录设备的最后部分。

　　第二项发明也涉及真空中的导电，被称为阴极射线示波器。这使得可以使用一个比以往任何电流计都轻得多的电枢作为仪器的运动部件，即电子流。有了这两种仪器的帮助，本世纪的生理学家已经能够忠实地跟踪小电位的时间过程，而这种时间过程完全超出了19世纪可能的精确仪器的范围。

通过这些方法，我们能够准确地记录头皮上或植入大脑的两个电 [182] 极之间产生的微小电位的时间过程。虽然这些电势在19世纪就已经被观察到，但新的准确记录的出现在二三十年前的生理学家中激起了极大的希望。至于使用这些设备直接研究大脑活动的可能性，这一领域的领导者是德国的伯杰，英国的阿德里安和马修斯，以及美国的贾斯珀、戴维斯和吉布斯夫妇。

必须承认的是，脑电图术的后期发展至今还不能实现早期工作者所乐见的美好希望。他们获得的数据是由一支墨水笔记录的。它们是非常复杂和不规则的曲线；尽管可以辨别出某些占主导的频率，比如每秒10次左右的α节律，但墨水记录的形式并不适合进一步的数学处理。结果是，脑电图术与其说是一门科学，不如说是一门艺术，它依赖于受过训练的观察者在大量经验的基础上识别墨水记录的某些特性的能力。这有一个非常根本的反对意见，使脑电图的解释在很大程度上是主观的。

在20年代末30年代初，我对连续过程的谐波分析产生了兴趣。虽然物理学家以前曾考虑过这样的过程，但谐波分析的数学几乎局限于研究周期性过程，或是那些在某种意义上随着时间（正的还是负的）变大而趋于零的过程。我的工作是把连续过程的谐波分析建立在坚实的数学基础上的最早尝试。在这当中，我发现基本概念是自相关，这已经被G. I. 泰勒（现在尊称杰弗里·泰勒爵士）用于湍流的研究中[1]。

---

1. G. I. 泰勒，"连续运动的扩散"，《伦敦数学学会学报》，Ser. 2, 20, 196 - 212 (1921-1922).

时间函数 $f(t)$ 的这种自相关由 $f(t+\tau)$ 与 $f(t)$ 的乘积的时间均值表示。即使在实际案例中我们所研究的是实函数，引入复时间函数也是有利的。于是现在自相关成为 $f(t+\tau)$ 与 $f(t)$ 的共轭乘积的平均值。无论是处理实函数还是复函数，$f(t)$ 的功率谱都是由自相关的傅里叶变换给出的。

183　　我已经说过墨水记录不适合进一步的数学操作。在产生大量的自相关概念之前，有必要用其他更适合于仪器的记录取代这些墨水记录。

最好的方法之一是用磁带记录微小的波动电位，以便进一步操作。这允许以永久形式存储波动的电势，可以在以后方便的时候使用。大约十年前，在沃尔特·A.罗森布利斯教授和玛丽·A.B.布拉泽尔[1]指导下，麻省理工学院电子研究实验室设计了一种这样的仪器。

在这种仪器中，磁带以调频形式使用。原因是磁带的读取总是需要一定量的擦除。对于调幅磁带，这种擦除会引起所携带信息的变化，因此在连续读取磁带时，我们实际上是在跟踪变化的信息。

在频率调制中也有一定量的擦除，但是我们用来读取磁带的仪器对振幅相对不敏感，而且只读取频率。在磁带被严重擦除到完全无法读取之前，磁带的部分擦除不会明显扭曲它所承载的信息。结果是，磁带可以读取很多次，其精度与第一次读取时基本相同。

---

1. J. S. 巴洛和 R. M. 布朗，《脑电位模拟相关系统》，技术报告 300，麻省理工大学电子研究实验室，剑桥，马萨诸塞州（1955）。

　　从自相关的性质可以看出，我们需要的工具之一是一种机制，它可以将磁带的读取延迟一个可调的量。如果一段长度具有持续时间A的磁带记录在具有一个接着一个的两个重放磁头的设备上重放，则产生两个信号，除时间上的相对位移之外相同。时间位移取决于播放头之间的距离和磁带速度，并且可以随意改变。我们可以称其中一个为 $f(t)$，另一个为 $f(t+\tau)$，其中 τ 是时间位移。二者的乘积可以这样形成，例如，通过使用平方律整流器和线性混频器，并利用恒等式，

$$4ab = (a+b)^2 - (a-b)^2 \qquad (10.01)$$

　　通过对时间常数比取样持续时间A长的电阻-电容网络积分，可以近似地平均这个乘积。得到的平均值与延迟 τ 的自相关函数的值成正比。对 τ 的各种值重复该过程，产生自相关的一组值（或者更确切地说，大的时基A上的采样自相关）。随附的图表，如图9所示，显示 ¹⁸⁴

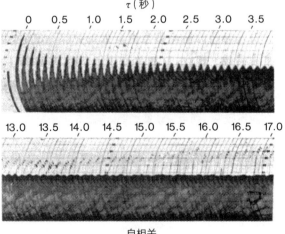

自相关

图9

了这类实际自相关的曲线图[1]。让我们注意到，我们只显示了曲线的一半，因为负时间的自相关会与正时间的相同，至少如果我们在取正相关的曲线是实的话。

185　　　请注意，类似的自相关曲线已在光学中使用多年，获得它们的仪器是迈克尔逊干涉仪，如图10所示。迈克尔逊干涉仪通过反射镜和透镜系统，将一束光分成两部分，两部分在不同长度的路径上传输，然后重新组合成一束光。不同的路径长度导致不同的时间延迟，并且产生的波束是入射波束的两个副本的总和，其可再次被称为 $f(t)$ 和 $f(t+\tau)$。当用功率敏感光度计测量光束强度时，光度计的读数与 $f(t)+f(t+\tau)$ 的平方成正比，因此包含一个与自相关成正比的项。换句话说，干涉仪条纹的强度（线性变换除外）将给出自相关。

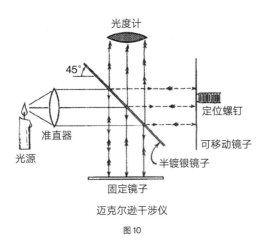

迈克尔逊干涉仪

图10

---

1. 这项工作是在马萨诸塞州总医院神经生理学实验室和麻省理工学院通信生物物理实验室的合作下进行的。

所有这些都隐含在迈克尔逊的工作中。我们可以看到，通过对条纹进行傅里叶变换，干涉仪可以得到光的功率谱，实际上是一个光谱仪。它确实是我们所知的最精确的光谱仪。

这种光谱仪是近几年才问世的。我被告知它现在已被接受为精密测量的重要工具。这一点的意义在于，我现在介绍的用于处理自相关记录的技术同样适用于光谱学，并提供了将光谱仪所能产生的信息推向极限的方法。

让我们讨论一下从自相关中获得脑波频谱的技术。设 $C(t)$ 是 [186] $f(t)$ 的自相关。那么 $C(t)$ 可以写成下面的形式

$$C(t) = \int_{-\infty}^{\infty} e^{2\pi i\omega t} dF(\omega) \qquad (10.02)$$

这里 F 总是 ω 的增函数或至少是非减函数，我们称之为 F 的积分谱。总的来说，这个积分谱由三部分相加组成。波谱的谱线部分仅在可数点集上那些部分会增加。把这些点拿走，我们就得到了一个连续的谱。这个连续谱本身是两部分的和，其中一部分只在一组测度为零的点上增加，而另一部分是绝对连续的，是正可积函数的积分。

从现在开始，让我们假设光谱的前两部分 —— 离散部分和连续部分，其在一组测度为零的点上增加 —— 丢失了。在这种情况下，我们可以写

$$C(t) = \int_{-\infty}^{\infty} e^{2\pi i\omega t} \phi(\omega) d\omega \qquad (10.03)$$

其中 $\phi(\omega)$ 是谱密度。如果 $\phi(\omega)$ 具勒贝格 L^2 级，则我们可以写

$$\phi(\omega) = \int_{-\infty}^{\infty} C(t)e^{-2\pi i\omega t}dt \qquad (10.04)$$

通过观察脑电波的自相关可以看出，功率谱的主要部分在 10 赫兹附近。在这种情况下，$\phi(\omega)$ 将具有类似于下图的形状。

在 10 和 –10 附近的两个峰互为彼此的镜像。

进行傅立叶分析的方法有很多种，包括使用积分仪和数值计算过程。在这两种情况下，主峰都在 10 和 –10 附近而不是 0 附近，这给工作带来了不便。但是，有一些模式将谐波分析转移到零频率附近，这大大减少了需要执行的工作。注意到

$$\phi(\omega - 10) = \int_{-\infty}^{\infty} C(t)e^{20\pi it}e^{-2\pi i\omega t}dt \qquad (10.05)$$

换言之，如果我们将 $C(t)$ 乘以 $e^{20\pi it}$，我们新的谐波分析将给出一个频率为零附近的频带和另一个频率为 +20 附近的频带。如果我们再进行这样一次乘法，用平均法（相当于使用滤波器）去除 +20 频段，我们将把谐波分析简化到零频率附近的谐波分析。

现在

$$e^{20\pi it} = \cos 20\pi t + i \sin 20\pi t \qquad (10.06)$$

因此，$C(t)e^{20\pi it}$的实部和虚部分别由$C(t)\cos 20\pi t$和$C(t)\sin 20\pi t$给出。可将这两个函数通过低通滤波器（等效于在二十分之一秒或更大的间隔上平均它们）来去除+20附近的频率。

假设我们有一条曲线，其中大部分功率几乎处于10赫兹的频率。当我们把它乘以$20\pi t$的余弦或正弦时，我们会得到一条曲线，它是两部分的和，其中一部分在局部表现为：

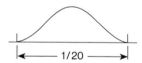

而另一部分像这样：

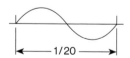

当我们将第二条曲线对时间做十分之一秒平均时，我们得到零。当我们平均第一个，我们得到了最大高度的一半。结果是，通过对$C(t)\cos 20\pi t$和$C(t)\sin 20\pi t$的平滑，我们分别得到一个函数实部和虚部的良好逼近，该函数的所有频率都在0附近，并且该函数将在0附近有，$C(t)$的频谱的一部分在10附近的分布频率。现在让$K_1(t)$

是平滑 $C(t)\cos 20\pi t$ 的结果而 $k_2(t)$ 是平滑 $C(t)\sin 20\pi t$ 的结果。我们希望得到

$$\int_{-\infty}^{\infty} [K_1(t) + iK_2(t)] \, e^{-2\pi i\omega t} dt$$
$$= \int_{-\infty}^{\infty} [K_1(t) + iK_2(t)] \, [\cos 2\pi\omega t - i\sin 2\pi\omega t] \, dt \tag{10.07}$$

这个表达式必须为实，因为它是一个频谱。因此，它将等于

$$\int_{-\infty}^{\infty} K_1(t)\cos 2\pi\omega t \, dt + \int_{-\infty}^{\infty} K_2(t)\sin 2\pi\omega t \, dt \tag{10.08}$$

换句话说，如果我们对 K_1 做余弦分析，对 K_2 做正弦分析，把它们加在一起，我们就得到 f 的位移频谱。可以证明 K_1 是偶数，K_2 是奇数。这意味着，如果我们对 K_1 进行余弦分析，并且加上或减去对 K_2 进行的正弦分析，我们将分别得到距离中心频率右侧和左侧 ω 处的频谱。这种获得频谱的方法我们将称为外差法。

在局部接近周期正弦的自相关的情况下，譬如说 0.1（例如图 9 的脑波自相关中出现的），可以简化外差法中涉及的计算。我们以四十分之一秒的间隔进行自相关。然后取 0，1/40 秒，2/40 秒，3/40 秒[1]的序列，依此类推，对分子为奇数的分数改变其符号。我们在适当的行程长度内连续平均这些值，得到一个几乎等于 $K_1(t)$ 的量。如果我们对 1/40 秒、3/40 秒、5/40 秒等处的值进行类似的处理，交替改变量的符号，并执行与之前相同的平均过程，我们得到了 $K_2(t)$ 的近似

1.英文原文在此处为 0，1/20，2/20，3/20，与上下文矛盾——1985 版译者注

值。从这一阶段下来，过程是清楚的。

这个过程的证明理由是质量的分布

$$1 \quad 在 2\pi n 点$$
$$-1 \quad 在 (2n+1)\pi 点$$
$$0 \quad 当它在其他地方$$

当进行谐波分析时，将包含频率为1的余弦分量，而不包含正弦[189]分量。类似地，质量分布

$$1 \quad 在 (2n+1/2)\pi 点$$
$$-1 \quad 在 (2n-1/2)\pi 点$$

以及

$$0 \quad 当它在其他地方$$

将包含频率l的正弦分量，而不包含余弦分量。两个分布都将包含频率N的分量；但由于我们正在分析的原始曲线在这些频率处缺少或接近缺少，这些项将不会产生影响。这大大简化了我们的外差，因为我们必须乘以的唯一因子是$+1$或-1。

我们发现这种外差法在我们只有手动的方法的时候，在脑电波的谐波分析中非常有用，同时如果我们不使用外差法去完成谐波分析的

所有细节，那么工作量就会变得难以承受。我们所有早期的脑频谱谐波分析工作都是用外差法完成的。然而，由于后来证明使用数字计算机是可能的，而减少大量工作并不是一个困难的事情，因此我们后来在谐波分析方面的许多工作都是在不使用外差的情况下直接完成的。在那些没有数字计算机的地方仍有许多工作要做，因此我认为外差法在实践中并不过时。

我在这里介绍我们在工作中做的一个具体的自相关的一部分。由于自相关覆盖了大量的数据，因此不适合作为一个整体再现在这里，我们只给出了一个在 $\tau = 0$ 附近的开始，以及它接下来的一部分。

图11表示图9所示部分的自相关的谐波分析结果。在这种情况下，我们的结果是用高速数字计算机得到的，[1]但我们发现这一频谱与我们先前通过外差法手工获得的频谱之间有很好的一致性，至少在频谱较强的部分附近。

当我们视察曲线时，我们发现在频率为9.05赫兹的附近功率显著下降。频谱显著消失的点是非常尖锐的，它给出了一个客观的量，可以用比脑电图中迄今为止出现的任何量更高的精确度来验证。有一些迹象表明，在我们得到的其他曲线中在细节上可靠性有点可疑，这种功率突然下降紧接着突然上升，结果在之间我们有一个曲线的凹陷。不管是不是这样，有一个强有力的建议，即峰值的功率对应于将功率从曲线较低的区域抽离。

---

1. 使用了MIT计算中心的IBM-709型机器。

在我们得到的频谱中，值得注意的是，峰的绝大部分位于大约三分之一周期的范围内。有趣的是，同一个受试者的另一个脑电图在四天后被记录下来，这个近似的峰值宽度被保留了下来，而且有更多的迹象这个形式在某些细节上被保留了下来。也有理由相信，与其他受试者的宽度峰值将是不同的，也许更窄。对于这一个彻底令人满意的核实这有待调查。

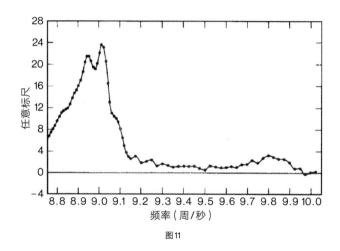

图11

非常希望有人跟进我们在这些建议中提到的这类工作，用更好的仪器进行更准确的工作，以便我们在这里提出的建议能够得到肯定的核实或肯定的拒绝。

我现在想谈谈采样问题。为此，我将介绍我以前在函数空间积分方面的一些想法。[1]借助这个工具，我们将能够构造一个对于给定频

1. 诺伯特·维纳，《广义谐波分析》，数学学报，55，117-268（1930）；《随机理论中的非线性问题》，MIT技术出版社和约翰威利父子公司，纽约，1968。

谱的连续过程的统计模型。虽然这个模型并不是产生脑电波过程的精确复制品，但它足够接近它，从而产生如本章已经介绍的脑电波频谱中预期的均方根误差的统计重要信息。

在这里，我不加证明地陈述一个实函数 $x(t, \alpha)$ 的一些性质，这个实函数 $x(t, \alpha)$ 已经在我关于广义谐波分析的论文和其他文章中陈述过了。实函数 $x(t, \alpha)$ 依赖于从 $-\infty$ 运行到 ∞ 的变量 t 和从 0 运行到 1 的变量 α。它代表依赖于时间 t 和统计分布参数 α 的布朗运动的一个空间变量。表达式

$$\int_{-\infty}^{\infty} \phi(t)\, dx(t, \alpha) \tag{10.09}$$

被定义为所有勒贝格类 L^2 从 $-\infty$ 到 ∞ 的所有函数 $\phi(t)$。如果 $\phi(t)$ 有一个属于 L^2 的导数，则 10.09 式被定义为

$$-\int_{-\infty}^{\infty} x(t, \alpha)\, \phi'(t)\, dt \tag{10.10}$$

并且被某一个完全确定的极限过程定义为所有属于 L^2 的函数 $\phi(t)$。其他积分

$$\int_{-\infty}^{\infty} \cdots \int_{-\infty}^{\infty} K(\tau_1, \cdots, \tau_n)\, dx(\tau_1, \alpha) \cdots dx(\tau_n, \alpha) \tag{10.11}$$

以类似的方式定义。我们使用的基本定理是

$$\int_0^1 d\alpha \int_{-\infty}^{\infty} \cdots \int_{-\infty}^{\infty} K(\tau_1, \cdots, \tau_n)\, dx(\tau_1, \alpha) \cdots dx(\tau_n, \alpha) \tag{10.12}$$

是这样得到的：通过令

$$K_1(\tau_1, \cdots, \tau_{n/2}) = \sum K(\sigma_1, \sigma_2, \cdots, \sigma_n) \qquad (10.13)\ \text{192}$$

其中 τ_k 以所有可能的方式通过相互识别 σ_k 的所有对（如果 n 是偶数）而形成，并且构成

$$\int_{-\infty}^{\infty} \cdots \int_{-\infty}^{\infty} K_1(\tau_1, \cdots, \tau_{n/2}) d\tau_1, \cdots, d\tau_{n/2} \qquad (10.14)$$

如果 n 是奇数，则

$$\int_0^1 d\alpha \int_{-\infty}^{\infty} \cdots \int_{-\infty}^{\infty} K(\tau_1, \cdots, \tau_n) dx(\tau_1, \alpha) \cdots dx(\tau_n, \alpha) = 0 \qquad (10.15)$$

关于这些随机积分的另一个重要定理是，如果 $\mathscr{F}\{g\}$ 是 $g(t)$ 的一个泛函，使得 $\mathscr{F}[x(t, \alpha)]$ 是 α 中属于 L 的一个函数，并且只依赖于差 $x(t_2, \alpha) - x(t_1, \alpha)$，那么对于每个 t_1 对于 α 的几乎所有值，

$$\lim_{A \to \infty} \frac{1}{A} \int_0^A \mathscr{F}[x(t, \alpha)] dt = \int_0^1 \mathscr{F}[x(t_1, \alpha)] d\alpha \qquad (10.16)$$

这是伯克霍夫的遍历定理，已经被本书作者[1]和其他人证明了。

在已经提到的数学学报的文章中，已证明如果 U 是函数 $K(t)$ 的实幺正变换，有

---

1. 诺伯特·维纳，《遍历定理》，杜克数学期刊，5，1-39（1939）；同时也在"工程师的现代数学"，E. F. 贝肯巴赫（编辑），麦格劳-希尔公司，纽约，1956年，第166-168页。

$$\int_{-\infty}^{\infty} UK(t)\,dx(t,\ \alpha) = \int_{-\infty}^{\infty} K(t)\,dx(t,\ \beta) \qquad (10.17)$$

其中β与α的区别仅在于区间（0，1）到自身的保测度变换。

现在让$K(t)$属于L^2，并且让

$$K(t) = \int_{-\infty}^{\infty} q(\omega)\,e^{2\pi i\omega t}\,d\omega \qquad (10.18)$$

在普朗谢雷尔[1]的意义下。让我们检查实函数

$$f(t,\ \alpha) = \int_{-\infty}^{\infty} K(t+\tau)\,dx(\tau,\ \alpha) \qquad (10.19)$$

193 它代表了一个线性传感器对布朗输入的响应。

这将得到下列自相关

$$\lim_{T\to\infty} \frac{1}{2T}\int_{-T}^{T} f(t+\tau,\ \alpha)\,\overline{f(t,\ \alpha)}\,dt \qquad (10.20)$$

而这，根据遍历定理，对于几乎所有的α值将得到下面的值

$$\int_{0}^{1} d\alpha \int_{-\infty}^{\infty} K(t_1+\tau)\,dx(t_1,\ \alpha)\int_{-\infty}^{\infty} \overline{K(t_2)}\,dx(t_2,\ \alpha)$$

$$= \int_{-\infty}^{\infty} K(t+\tau)\,\overline{K(t)}\,dt \qquad (10.21)$$

---

1. 诺伯特·维纳，"普朗谢雷尔定理"，《傅立叶积分及其应用》，英国剑桥大学出版社，1933年，第46-71页；多佛出版公司，纽约。

于是功率谱将几乎总是

$$\int_{-\infty}^{\infty} e^{-2\pi i\omega\tau}\, d\tau \int_{-\infty}^{\infty} K(t + \tau)\, \overline{K(t)}\, dt$$

$$= \left| \int_{-\infty}^{\infty} K(\tau)\, e^{-2\pi i\omega\tau}\, d\tau \right|^2$$

$$= |q(\omega)|^2 \qquad (10.22)$$

然而，这是真正的频谱。在平均时间 A（在我们的情况为2700秒）采样的自相关将是

$$\frac{1}{A}\int_0^A f(t + \tau,\ \alpha)\, \overline{f(t,\ \alpha)}\, dt$$

$$= \int_{-\infty}^{\infty} dx(t_1,\ \alpha) \int_{-\infty}^{\infty} dx(t_2,\ \alpha)\, \frac{1}{A}\int_0^A K(t_1 + \tau + s)\, \overline{K(t_2 + s)}\, ds$$

$$(10.23)$$

结果的采样频谱将总是具有下面的时间平均

$$\int_{-\infty}^{\infty} e^{-2\pi i\omega\tau}\, d\tau\, \frac{1}{A}\int_0^A ds \int_{-\infty}^{\infty} K(t + \tau + s)\, \overline{K(t + s)}\, dt = |q(\omega)|^2$$

$$(10.24)$$

也就是说，采样频谱和真实频谱将具有相同的时间平均值。

出于许多目的，我们对近似频谱感兴趣，其中 τ 的积分仅在（0，B）上进行，其中 B 在我们已经展示的特例中是20秒。让我们记住 $f(t)$ 是实的，并且自相关是一个对称函数。因此，我们可以用从 $-B$ 到 B 的积分来取代从0到 B 的积分： 194

$$\int_{-B}^{B} e^{-2\pi iu\tau} d\tau \int_{-\infty}^{\infty} dx(t_1, \ \alpha) \int_{-\infty}^{\infty} dx(t_2, \ \alpha) \ \frac{1}{A} \int_{0}^{A} K(t_1 + \tau + s)$$

$$\times \overline{K(t_2 + s)} ds$$

（10.25）

作为它的均值，将得到

$$\int_{-B}^{B} e^{-2\pi iu\tau} d\tau \int_{-\infty}^{\infty} K(t + \tau) \ \overline{K(t)} dt = \int_{-B}^{B} e^{-2\pi iu\tau} d\tau \int_{-\infty}^{\infty} |q(\omega)|^2 e^{2\pi i\tau\omega} d\omega$$

$$= \int_{-\infty}^{\infty} |q(\omega)|^2 \frac{\sin 2\pi B(\omega - u)}{\pi(\omega - u)} d\omega$$

（10.26）

在（$-B$, B）得到的近似频谱的平方将是

$$\left| \int_{-B}^{B} e^{-2\pi iu\tau} d\tau \int_{-\infty}^{\infty} dx(t_1, \ \alpha) \int_{-\infty}^{\infty} dx(t_2, \ \alpha) \right.$$

$$\left. \frac{1}{A} \int_{0}^{A} K(t_1 + \tau + s) \ \overline{K(t_2 + s)} ds \right|^2$$

此式将得到它的平均：

$$\int_{-B}^{B} e^{-2\pi iu\tau} d\tau \int_{-B}^{B} e^{2\pi iu\tau_1} d\tau_1 \frac{1}{A^2} \int_{0}^{A} ds \int_{0}^{A} d\sigma \int_{-\infty}^{\infty} dt_1 \int_{-\infty}^{\infty} dt_2$$

$$\times [K(t_1 + \tau + s) \ \overline{K(t_1 + s)} \ \overline{K(t_2 + \tau_1 + \sigma)} K(t_2 + \sigma)$$

$$+ K(t_1 + \tau + s) \ \overline{K(t_2 + s)} \ \overline{K(t_1 + \tau_1 + \sigma)} K(t_2 + \sigma)$$

$$+ K(t_1 + \tau + s) \ \overline{K(t_2 + s)} \ \overline{K(t_2 + \tau_1 + \sigma)} K(t_1 + \sigma)]$$

$$= \left[\int_{-\infty}^{\infty} |q(\omega)|^2 \frac{\sin 2\pi B(\omega - u)}{\pi(\omega - u)} d\omega \right]^2$$

$$+ \int_{-\infty}^{\infty} |q(\omega_1)|^2 d\omega_1 \int_{-\infty}^{\infty} |q(\omega_2)|^2 d\omega_2$$

$$\times \left[\frac{\sin 2\pi B(\omega_1 - u)}{\pi(\omega_1 - u)} \right]^2 \frac{\sin^2 A\pi(\omega_1 - \omega_2)}{\pi^2 A^2(\omega_1 - \omega_2)^2}$$

$$+ \int_{-\infty}^{\infty} |q(\omega_1)|^2 d\omega_1 \int_{-\infty}^{\infty} |q(\omega_2)|^2 d\omega_2$$

$$\times \frac{\sin 2\pi B(\omega_1 + u)}{\pi(\omega_1 + u)} \frac{\sin 2\pi B(\omega_2 - u)}{\pi(\omega_2 - u)} \frac{\sin^2 A\pi(\omega_1 - \omega_2)}{\pi^2 A^2(\omega_1 - \omega_2)^2}$$

$$（10.27）\text{[195]}$$

众所周知，如果均值由 m 来表示。则

$$m[\lambda - m(\lambda)]^2 = m(\lambda^2) - [m(\lambda)]^2 \qquad （10.28）$$

因此近似采样频谱的均方根误差将等于

$$\sqrt{ \begin{aligned} &\int_{-\infty}^{\infty} |q(\omega_1)^2| d\omega_1 \int_{-\infty}^{\infty} |q(\omega_2)^2| d\omega_2 \frac{\sin^2 A\pi(\omega_1 - \omega_2)}{\pi^2 A^2(\omega_1 - \omega_2)^2} \\ &\times \left(\frac{\sin^2 2\pi B(\omega_1 - u)}{\pi^2(\omega_1 - u)^2} + \frac{\sin 2\pi B(\omega_1 + u)}{\pi(\omega_1 + u)} \frac{\sin 2\pi B(\omega_2 - u)}{\pi(\omega_2 - u)} \right) \end{aligned} }$$

$$（10.29）$$

现在，

$$\int_{-\infty}^{\infty} \frac{\sin^2 A\pi u}{\pi^2 A^2 u^2} du = \frac{1}{A} \qquad （10.30）$$

这样

$$\int_{-\infty}^{\infty} g(\omega) \frac{\sin^2 A\pi(\omega - u)}{\pi^2 A^2(\omega - u)^2} d\omega \qquad （10.31）$$

是 $1/A$ 乘以 $g(\omega)$ 的移动加权平均值。在被平均的量在 $1/A$ 的小范围内几乎是常数的情况（在这里是一个合理的假设），作为一个频谱任意点均方根误差的近似要素，我们将得到下式

$$\sqrt{\frac{2}{A}\int_{-\infty}^{\infty}|q(\omega)|^4\frac{\sin^2 2\pi B(\omega - u)}{\pi^2(\omega - u)^2}d\omega}\qquad(10.32)$$

让我们注意，如果近似采样频谱在 $u = 10$ 的地方有极大值，则它在那里的值将是

$$\int_{-\infty}^{\infty}|q(\omega)|^2\frac{\sin 2\pi B(\omega - 10)}{\pi(\omega - 10)}d\omega\qquad(10.33)$$

对于光滑的 $q(\omega)$，上式将与 $|q(10)|^2$ 相差不远。参照此作为测量单位的频谱均方根误差将是

$$\sqrt{\frac{2}{A}\int_{-\infty}^{\infty}\left|\frac{q(\omega)}{q(10)}\right|^4\frac{\sin^2 2\pi B(\omega - 10)}{\pi^2(\omega - 10)^2}d\omega}\qquad(10.34)$$

并且因此不会大于

196

$$\sqrt{\frac{2}{A}\int_{-\infty}^{\infty}\frac{\sin^2 2\pi B(\omega - 10)}{\pi^2(\omega - 10)^2}d\omega} = 2\sqrt{\frac{B}{A}}\qquad(10.35)$$

在我们考虑的例子中，这将是

$$2\sqrt{\frac{20}{2700}} = 2\sqrt{\frac{1}{135}} \approx \frac{1}{6}\qquad(10.36)$$

如果我们假设下陷现象是真实的，或者甚至曲线在 9.05 赫兹发

生的突然下降是真实的，那么我们就值得问几个与之相关的生理问题。这三个主要问题涉及我们所观察到的这些现象的生理功能、产生这些现象的生理机制以及这些观察结果在医学上的可能应用。

请注意，锐利的频率线相当于精确的钟。由于大脑在某种意义上是一个控制和计算装置，因此很自然会问其他形式的控制和计算装置是否使用钟。事实上，它们中的大多数是的。这种装置使用钟是为了门控。所有这样的装置必须把大量的脉冲组合成单个脉冲。如果这些脉冲仅仅是通过打开或关闭电路来实现的，那么脉冲的计时就不太重要，不需要门控。然而，这种携带脉冲的方法的后果是整个电路被占用，直到消息被关闭为止，而这涉及到将装置的很大一部分无限期停用。因此，在计算或控制装置中，期望由组合的开和关信号来携带消息，这会立即释放装置以供进一步使用。为了实现这一点，必须存储消息以便可以同时释放它们，同时在它们仍在机器上时，进行组合。为此，需要一个门控，并且可以通过使用一个钟，方便地进行门控。

众所周知，至少在长神经纤维的情况下，神经脉冲是由峰携带的，峰的形状与产生脉冲的方式无关。这些峰的组合是突触机制的一个功能。在这些突触中，许多传入纤维与传出纤维相连。当传入纤维的适当组合在很短的时间间隔内激发时，传出纤维激发。在这种组合中，在某些情况下，引入纤维的影响是相加的，结果如果超过一定数量的纤维激发，则达到允许引出纤维激发的阈值。在其他情况下，一些传入的纤维具有抑制作用，绝对阻止了激发，或者至少增加了其他纤维的阈值。在这两种情况下，短的组合时间是必不可少的，如果传入的消息不在此短时期内，它们就不会组合。因此，有必要有某种门控机制来允许传入的消息基本上同时到达。否则,突触将无法作为一种结合机制[1]。

　　然而,希望有进一步的证据证明这种门控确实发生了。这里,加州大学洛杉矶分校心理学系的唐纳德·B.林德斯利教授的一些工作与此相关。他研究了视觉信号的反应时间。众所周知,当一个视觉信号到达时,它所刺激的肌肉活动不是立刻发生的,而是经过一定的延迟之后。林德斯利教授已经证明,这种延迟不是恒定的,但似乎由三部分组成。其中一个部分的长度是恒定的,而另外两个部分似乎在大约1/10秒内均匀分布。好像中枢神经系统只能每1/10秒接收一次传入的脉冲,而好像传入肌肉的脉冲每1/10秒才能从中枢神经系统传入。这是门控的实验证据;而这种门控与1/10秒的联系,也就是大脑中央阿尔法节律的大致周期,很可能不是偶然的。

　　中央阿尔法节律的功能讲到此为止。现在关于产生这种节律的机制的问题来了。在这里,我们必须提出一个事实,即阿尔法节律可以由闪烁驱动。如果一束光以接近1/10秒的时间间隔闪烁到眼睛中,大脑的阿尔法节律就会改变,直到它有一个与闪烁时间相同的强烈成分。毫无疑问,这种闪烁会在视网膜上产生电性闪烁,以及几乎可以肯定的也在中枢神经系统中。

　　然而,有一些直接的证据表明,纯电闪烁可能产生类似于视觉闪

1.这是一张发生了什么的简化图,特别是在大脑皮层,因为神经元的全或无操作取决于它们有足够的长度,使得神经元自身传入脉冲的形式的重塑接近于渐近形式。然而,以皮层为例,由于神经元的短促,同步的必要性仍然存在,尽管这个过程的细节要复杂得多。

烁的效果。这个实验已在德国进行了。房间里有一个导电地板和一块从天花板上悬挂下来的绝缘导电金属板。受试者被安置在这个房间里，地板和天花板被连接到一个发电机上，其产生一个交流电势，这个电 198 势的频率可能接近10赫兹。受试者所经历的效果是非常令人不安的，就像类似闪烁的效果是令人不安的一样。

当然，有必要在更可控的条件下重复这些实验，同时对受试者进行脑电图检查。然而，就实验而言，有迹象表明，静电感应产生的电闪烁可能产生与视觉闪烁相同的效果。

重要的是要注意，如果一个振荡器的频率可以通过不同频率的脉冲来改变，那么该机制一定是非线性的。作用于给定频率的振荡的线性机制只能产生相同频率的振荡，通常伴随着相位和振幅的一些变化。这对于非线性机制是不正确的，它可能产生的振荡，其频率是不同阶数的振荡器的频率和外加扰动的频率的和与差。这种机制很有可能移动一个频率；在我们已考虑的情况中，这种频率位移具有吸引力的性质。这种吸引力将是一种长时间的或长期的现象，并且在短时间内这种系统将保持近似线性，这并非太不可能。

考虑一下这样一种可能性：大脑中有许多频率接近每秒10次的振荡器，并且在一定的限度内，这些频率可以相互吸引。在这种情况下，频率很可能被拉到一起，形成一个或多个小团块，至少在频谱的某些区域。被拉入这些块中的频率将不得不从某个地方被拉离，从而导致频谱中的间隙，在这里功率低于我们应该预期的功率。对于自相关如图9所示的个体，这种现象实际上可能发生在脑电波的产生中，

这一点可以通过频率在9.0赫兹以上时的功率急剧下降来说明。这不
199 容易被使用低分辨功率的谐波分析的早期作家所发现[1]。

　　为了使这种关于脑电波起源的解释成立，我们必须检查大脑，寻
找假设的振荡器的存在及其性质。麻省理工的罗森布利斯教授告诉我，
有一种现象被称为后放电[2]。当一道闪光传到眼睛时，大脑皮层中与闪
光相关的电势不会立即归零，而是经过一系列的正负相位之后才消失。
这种势的模式可以进行谐波分析，发现在10赫兹附近有大量的功率。
就这一进展而言，它至少与我们在这里给出的脑波自组织理论并不矛
盾。在其他身体节律中也观察到了这些短时间振荡合并成持续振荡的
现象，例如在许多生物[3]中观察到的近似23½小时昼间节律。这种节
律能够被外部环境的变化拉入昼夜的24小时节律。从生物学讲，生
物的自然节律是否是一个准确的24小时的节律并不重要，只要它能
够处于被外部环境吸引进入24小时的节奏。

　　通过研究萤火虫或其他动物，例如蟋蟀或青蛙，它们能够发出可
检测的视觉或听觉脉冲，也能够接收这些脉冲，一个有趣的实验可能
会揭示我关于脑波假说的有效性。人们常常认为，树上的萤火虫闪成
一片，这种明显的现象被归结为人类的视错觉。我听说东南亚的一些
萤火虫，这种现象如此明显，以至于很难把它归结为幻觉。现在萤火
虫有双重作用。一方面它是或多或少周期性脉冲的发射器，另一方面

1. 我必须说，英国布里斯托尔神经研究所的W. 格雷·沃尔特博士已经获得了一些关于存在狭窄中
心节律的证据。我不熟悉他的方法论的全部细节；然而据我理解，他所指的现象在于这个事实，
在他脑电波的拓扑图中，当我们从中心往外走的时候，表示频率的射线被限制在相对狭窄的区域。
2. J. S. 巴洛，《光刺激诱发的节律性活动与人类大脑内在阿尔法活动的关系》，EEG 临床。神经生
理学，12，317-326（1960）。
3. 冷泉港定量生物学研讨会，第二十五卷（生物钟），生物实验室，纽约州长岛冷泉港，1960年。

它拥有这些脉冲的接收器。难道不可能发生同样的频率拉拢现象吗？
对于这项工作，准确的闪光记录是必要的，这些记录足以进行准确的
谐波分析。此外，萤火虫应该受到周期性的光照，例如来自闪烁的霓 200
虹管的光照，我们应该确定这是否有将萤火虫自身拉入频率的趋势。
如果是这样的话，我们应该试着获得这些自发闪光的准确记录，然后
进行自相关分析，类似于我们在脑电波的情况下所做的分析。我不敢
对尚未进行的实验的结果发表意见，但这一研究方向给我的印象是有
前途的，也不太困难。

　　频率的吸引现象也发生在某些非生命的情况下。考虑一些交流发
电机，其频率由连接到原动机的调速器控制。这些调控器在相对狭窄
的区域保持频率。假设发电机的输出并联在母线上，电流从母线输出
到外部负载，一般来说，由于灯的开启和关闭等原因，外部负载或多
或少会受到随机波动的影响。为了避免老式中心站中发生的人为切换
问题，我们假设发电机的开和关是自动的。当发电机的速度和相位接
近系统中其他发电机的速度和相位时，自动装置会将其连接到母线上，
如果由某机会偏离适当的频率和相位太远，类似装置会自动将其关闭。
在这样一个系统中，一个运行速度过快的发电机，其频率过高，所承
担的部分负荷大于正常负荷，而运行速度过慢的发电机所承担的部分
负荷小于正常负荷。结果是，发电机的频率之间存在吸引力。整个发
电系统的行为就像它拥有一个虚拟调速器，比单个调速器更精确，并
且由这些调速器的集合和发电机的相互电气作用组成。发电系统的精
确频率调节至少在部分程度上是由于此。正是这使得高精度电子钟的
使用成为可能。

　　因此，我建议对这类系统的输出，以我们研究脑电波类似的方式进行实验研究和理论研究。

　　历史上有趣的是，在交流电流工程的早期，人们曾尝试将现代发电系统中使用的相同恒压类型的发电机串联起来，而不是并联起来。

201 结果发现，单个发电机在频率上的相互作用是排斥而不是吸引。结果是，这样的系统是不可能稳定的，除非个别发电机的旋转部件通过一个公共轴或齿轮装置刚性地连接起来。另一方面，发电机的并联母线连接被证明具有内在的稳定性，这使得将不同站点的发电机合并成一个自足的系统成为可能。用生物学类比，并联系统比串联系统有更好的稳态，因此存活下来，而串联系统通过自然选择自我淘汰。

　　因此，我们看到引起频率吸引的非线性相互作用可以产生一个自组织系统，例如，在我们讨论的脑波和交流网络的情况下。这种自组织的可能性绝不局限于这两种现象的极低频率。考虑，例如红外光或雷达频谱频率水平上的自组织系统。

　　如前所述，生物学的主要问题之一是构成基因或病毒的主要物质，或可能产生癌症的特定物质，如何从缺乏这种特异性的物质（如氨基酸和核酸的混合物）中自我繁殖。通常的解释是，这些物质中的一个分子起着模板的作用，根据这个模板，组分中较小的分子将自己放开，并结合成一个类似的大分子。这在很大程度上是一种比喻，只是描述生命基本现象的另一种方式，即其他大分子是按照现有大分子的形象形成的。无论这一过程如何发生，它都是一个动态的过程，涉及到力或其等效物。描述这种力的一种完全可能的方法是，分子特异性的主动载体可能在于其分子辐射的频率模式，其中一个重要部分可能在于红外电磁频率甚至更低。可能是特定的病毒物质在某些情况下会发出红外线振荡，这种振荡有能力帮助从氨基酸和核酸的一般物质中形成病毒的其他分子。这种现象很可能被认为是一种吸引人的频率相互作用。由于这整件事还没有定论，细节还没有定下来，我不想说得更具体些。最明显的研究方法是研究大量病毒物质（如烟草花叶病毒晶体）的吸收和发射光谱，然后观察这些频率的光照对在适当营养物质中现有病毒产生更多病毒的影响。当我谈到吸收光谱时，我指的是一种几乎肯定存在的现象；至于发射光谱，我们在荧光现象中有这类东西。

任何此类研究都将涉及一种高度精确的方法，用于在通常认为连续光谱中，存在过量光的情况下详细检查光谱。我们已经看到，在脑电波的微观分析中，我们面临着一个类似的问题，干涉仪光谱学的数学与我们在这里所做的基本相同。于是，我明确建议在分子光谱的研究中，特别是在病毒、基因和癌症的光谱研究中，探索这种方法的全部力量。现在预测这些方法在纯生物学研究和医学中的全部价值还为时过早，但我非常希望它们能被证明在这两个领域都具有最大的价值。[202]

索引

每个条目后的页码均为原书的页码，即本书的边码。

A

B

C

D

E

F

I

J

K

L

N

P

R

S

T

W

Y

图书在版编目（CIP）数据

控制论 /（美）诺伯特·维纳著；王俊毅译.—长沙：湖南科学技术出版社，2022.6
（第一推动丛书.综合系列）
ISBN 978-7-5710-1567-1

Ⅰ.①控… Ⅱ.①诺… ②王… Ⅲ.①控制论 Ⅳ.① O231

中国版本图书馆 CIP 数据核字〔2022〕第 083888 号

Cybernetics：or Control and Communication in the Animal and the Machine
Norbert Wiener
Copyright ©1948 and 1961 by The Massachusetts Institute of Technology

KONGZHILUN
控制论

著者	印刷
[美] 诺伯特·维纳	长沙鸿和印务有限公司
译者	厂址
王俊毅	长沙市望城区普瑞西路858号
出版人	邮编
潘晓山	410200
策划编辑	版次
孙桂均	2022 年 6 月第 1 版
责任编辑	印次
杨波	2022 年 6 月第 1 次印刷
出版发行	开本
湖南科学技术出版社	880mm×1230mm　1/32
社址	印张
长沙市芙蓉中路一段 416 号	9.75
泊富国际金融中心	字数
http://www.hnstp.com	140 千字
湖南科学技术出版社	书号
天猫旗舰店网址	ISBN 978-7-5710-1567-1
http://hnkjcbs.tmall.com	定价
邮购联系	49.00 元
本社直销科 0731-84375808	